奶产品质量与风险评估创新团队
中国农业科学院北京畜牧兽医研究所

中国奶产品质量安全研究报告

(2017 年度)

王加启　郑　楠　李松励　主编

中国农业科学技术出版社

图书在版编目（CIP）数据

中国奶产品质量安全研究报告 . 2017 年度 / 王加启，郑楠，李松励，主编. — 北京：中国农业科学技术出版社，2018.11
ISBN 978-7-5116-3537-2

Ⅰ. ①中… Ⅱ. ①王… ②郑… ③李… Ⅲ. ①乳制品—产品质量—安全管理—研究报告—中国— 2017 Ⅳ. ① TS252.7

中国版本图书馆 CIP 数据核字（2018）第 038543 号

责任编辑 徐定娜
责任校对 马广洋

出 版 者 中国农业科学技术出版社
北京市中关村南大街 12 号　邮编：100081
电　　话 （010）82109707（编辑室）（010）82109704（发行部）
（010）82109707（读者服务部）
传　　真 （010）82106626
网　　址 http://www.castp.cn
发　　行 各地新华书店
印 刷 者 北京建宏印刷有限公司
开　　本 787 mm × 1 092 mm　1 /16
印　　张 13
字　　数 104 千字
版　　次 2018 年 11 月第 1 版　2018 年 11 月第 1 次印刷
定　　价 100.00 元

《中国奶产品质量安全研究报告（2017年度）》

编 委 会

《中国奶产品质量安全研究报告（2017年度）》

编 写 组

主　编： 王加启　郑　楠　李松励

副主编： 张养东　赵圣国　文　芳　刘慧敏　孟　璐
周振峰　顾佳升

参　编：（按姓氏笔画排序）

于瑞菊　马占山　王　成　王玉庭　王丽芳
王建军　车跃光　毛建菲　尹凤芝　叶巧燕
刘　壮　杜兵耀　杜欣蔚　李　明　李　栋
李　琴　李尚敏　李香珍　李振华　李爱军
杨怀谷　杨琳芬　张　进　张佩华　张树秋
陈　贺　欧阳学华　周　鑫　郑百芹　赵彩会
赵善仓　柳　梅　姚一萍　徐国茂　唐　煜
陶大利　章　慧　梁　斌　韩荣伟　韩奕奕
程建波　戴春风

前　言

一杯牛奶，强壮一个民族。奶业发展密切关系民生保障，关系国民体质增强，是农业现代化的标志性产业，是食品安全的代表性产业。小康社会不能没有牛奶，十几亿中国人不能没有自己的民族奶业。发展奶业、提升奶业、振兴奶业，是推进农业供给侧结构性改革的重大任务。

《中国奶产品质量安全研究报告》自2016年以来每年发布，客观科学展现奶业发展的状况，重点介绍奶业质量安全技术研究进展。

2017年，农业农村部奶产品质量安全风险评估实验室（北京）继续联合全国奶产品质量安全风险评估团队共20家单位，对奶产品质量安全进行了系统风险评估研究。

本报告立足于科研团队的研究结果和国外资料综述，既不代表政府，也不代表行业组织。在内容上，每年有不同的侧重点，不是全国普查，不能面面俱到，也不能解决或回答很多问题。编写本报告仅为做强做优我国奶业，为所有中国人都能喝上奶，喝优质奶，保住中国人自己的奶瓶子提供一点参考。不足之处，请批评指正。

目　录

第一章 专 论

国产奶与进口奶：区别在于“热伤害”

- 进口液态奶存在较多热伤害
- 优质奶产自本土奶，进口奶只是数量不足的补充
- 优质乳工程技术开发与示范

改革开放以来，我国奶业发展取得了辉煌成就，但是两大难题一直困扰我国奶业发展，一是进口冲击严重，国内企业缺乏有效应对措施；二是利益分配机制不健全，奶农收益偏低。

在国家奶产品质量安全风险评估重大专项和国家农业科技创新工程支持下，农业农村部奶产品质量安全风险评估实验室（北京）从我国26个大中城市超市中抽取进口品牌液态奶100批次，同时抽取23家实施优质乳工程企业的优质液态奶300批次，用相同方法进行评估分析。

一、进口液态奶存在较多“热伤害”

农业农村部奶产品质量安全风险评估实验室（北京）评估分析结果表明，无论是国产还是进口的液态奶，成分含量、霉菌毒素污染、兽药残留或重金属污染，都符合我国食品安全国家标准，在食品安全方面有保证，可以放心饮用。但是，对品质评估分析发现，国产奶与进口奶存在显著差别。

1. 进口液态奶中活性蛋白质因子含量显著偏低

（1）β–乳球蛋白

β– 乳球蛋白（β–lactoglobulin）是乳清蛋白主要成分之一，占总蛋白质 12% 左右，占乳清蛋白 50% 左右。β– 乳球蛋白的水解物或分子修饰物，具有降胆固醇与抗氧化等生理活性，是牛奶中的重要活性因子。

农业农村部奶产品质量安全风险评估实验室（北京）评估结果表明，国产优质巴氏杀菌奶中 β– 乳球蛋白的平均值为 2 291mg/L，最低值为 2 078mg/L；进口巴氏杀菌奶中 β– 乳球蛋白的平均值为 186mg/L，最低值为 182mg/L（图 1–1）。

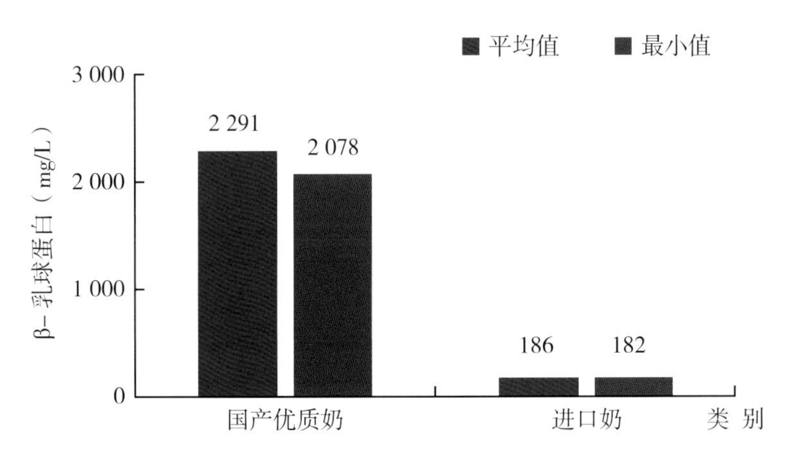

图 1–1　巴氏杀菌奶 β– 乳球蛋白含量比较

国产优质 UHT 灭菌奶中 β- 乳球蛋白的平均值为 502mg/L，最低值为 477mg/L；进口 UHT 灭菌中 β- 乳球蛋白的平均值为 225mg/L，最低值为 52mg/L（图 1–2）。

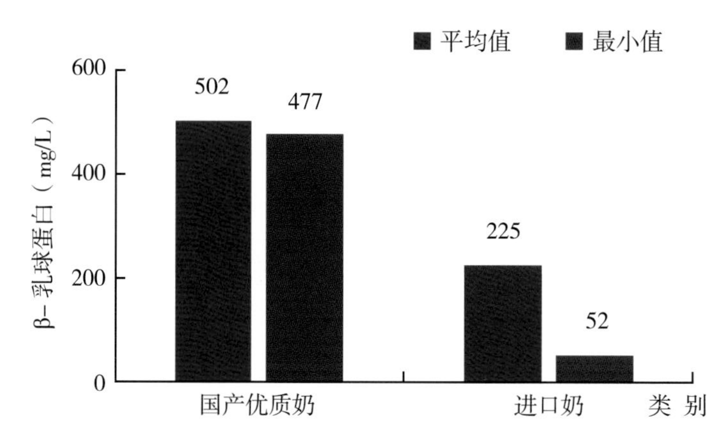

图 1–2 UHT 灭菌奶 β- 乳球蛋白含量比较

依照国际乳品联合会（IDF）建议的标准，高温巴氏杀菌奶中 β- 乳球蛋白的含量不应小于 2 000mg/L，UHT 灭菌奶中 β- 乳球蛋白的含量不应小于 50mg/L。可以看出，进口巴氏奶平均值达不到 IDF 的要求，部分进口 UHT 奶只能勉强达到 IDF 的要求。也就是说，按照国际通用指标来评价，多数进口液态奶都达不到优质奶的品质。

（2）乳铁蛋白

乳铁蛋白是牛奶中重要的活性蛋白因子之一，是由乳腺上皮细胞表达和分泌的一种非血红素铁结合糖蛋白，属转铁蛋白家族成员。乳铁蛋白具有很强的铁亲和能力，亲和常数大约是 1 020，约为血清中转铁蛋白的 260 倍，能够通过提高铁在肝脏的储备，改善贫血。乳铁蛋白在抗菌、抗病毒、抗癌等方面的功能也得到不同研究者的科学实验证实。

农业农村部奶产品质量安全风险评估实验室（北京）对国产优质巴氏奶与进口巴氏奶评价发现，国产优质巴氏奶的乳铁蛋白平均含量为 10.4mg/100g，进口奶只有 1.3mg/100g，差异显著（图 1–3）。

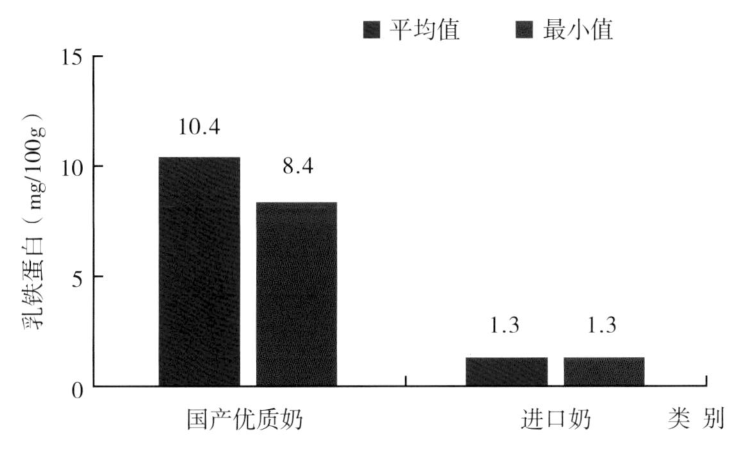

图 1–3　巴氏杀菌奶乳铁蛋白含量比较

2. 进口液态奶保质期偏长

农业农村部奶产品质量安全风险评估实验室（北京）对国产奶与进口奶的评估分析发现，国产优质巴氏奶的平均保质期为 6d，而进口巴氏奶的平均保质期为 16d（图 1–4）。国产优质 UHT 奶的平均保质期为 182d，进口 UHT 奶的平均保质期达到 318d（图 1–5）。进口液态奶的保质期普遍长于国产液态奶。

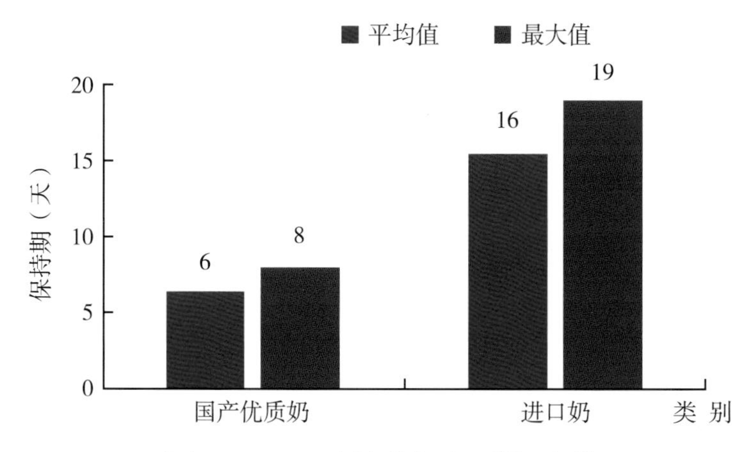

图 1–4　巴氏杀菌奶保质期比较

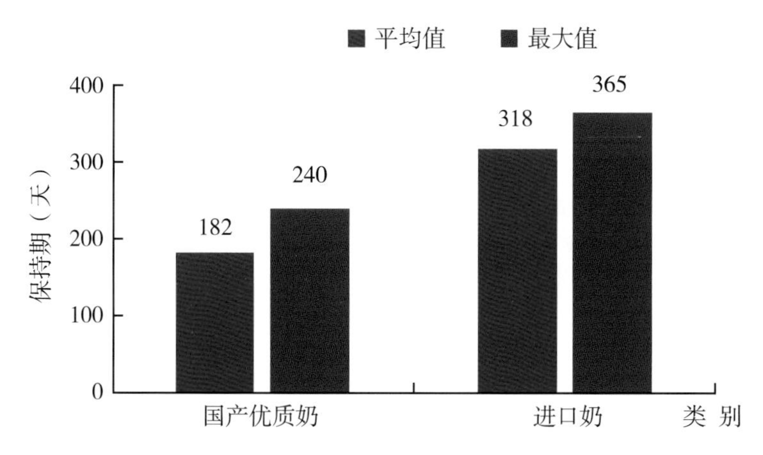

图 1–5　UHT 灭菌奶保质期比较

3. 进口液态奶糠氨酸含量偏高

在国际上，把糠氨酸含量作为反映牛奶热加工程度的一个敏感指标。糠氨酸含量过高，表明牛奶的受热程度高、保存时间长或者运输距离远。生鲜牛奶中糠氨酸（Furosine）含量微乎其微，约为 2 ～ 5mg/100g 蛋白质，且含量不受奶牛品种和饲养环境变化影响，但是经过热加工后奶制品里糠氨酸含量增幅很大，其原因是乳蛋白质的氨基在受热条件下，与乳糖的羰基发生了化学反应（美拉德反应），生成糠氨酸。

农业农村部奶产品质量安全风险评估实验室（北京）对巴氏杀菌奶的评估表明，国产优质巴氏杀菌奶的平均糠氨酸含量为 6.2mg/100g 蛋白质，最高值 7.7mg/100g 蛋白质，而进口巴氏杀菌奶的平均糠氨酸含量为 49.2mg/100g 蛋白质，最高值 79.4mg/100g 蛋白质（图 1–6）。意大利国家标准规定，当糠氨酸含量超过 8.6mg/100g 蛋白质时，就不是巴氏杀菌奶，更谈不上优质巴氏奶。

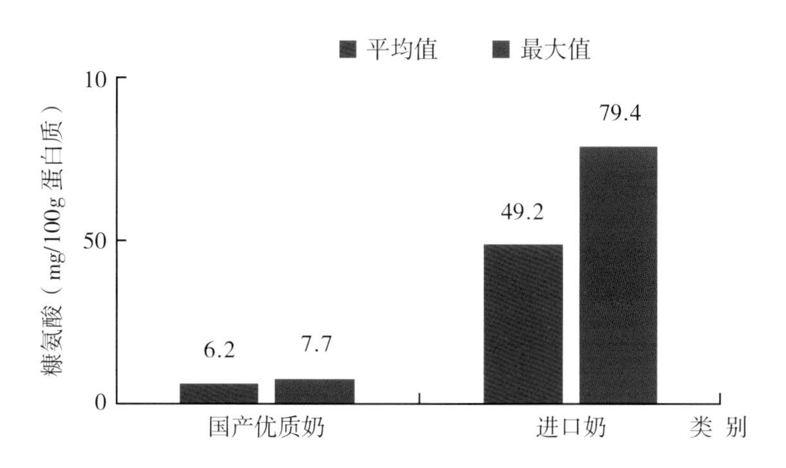

图 1–6　巴氏杀菌奶糠氨酸含量比较

农业农村部奶产品质量安全风险评估实验室（北京）对 UHT 灭菌奶的评估表明，国产优质 UHT 灭菌奶的平均糠氨酸含量为 160.0mg/100g 蛋白质，最高值 167.2mg/100g 蛋白质，而进口 UHT 灭菌奶的平均糠氨酸含量为 235.3mg/100g 蛋白质，最高值 350.3mg/100g 蛋白质（图 1–7）。国际科学研究推荐 UHT 奶的糠氨酸含量不应超过 250mg/100g 蛋白质。可见，进口液态奶中的相当一部分不符合国际标准或规范，距离优质奶产品的品质相差更远。

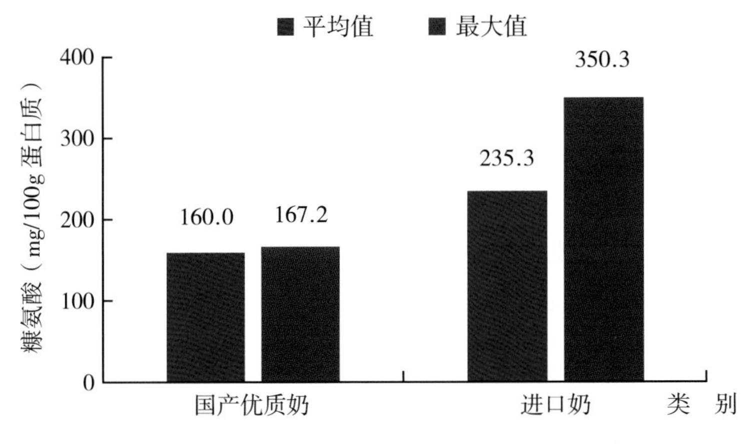

图 1–7　UHT 灭菌奶糠氨酸含量比较

二、优质奶产自本土奶，进口奶只是数量不足的补充

2010 年我国液态奶进口量仅有 1.6 万吨，到 2016 年，

进口量猛增到 65.5 万吨，7 年增加 40.9 倍，而且大有势不可挡的尽头，这有违常理。众所周知，母乳在尽短距离、尽快时间喂到婴儿口中，效果最好。为什么要这样做？因为与其他食品相比，奶类产品是更加鲜活、娇嫩的食品，含有种类繁多的活性营养因子，是养育生命的必需物质。农业农村部奶产品质量安全风险评估实验室（北京）开展的系统评估证明，这些活性营养因子特别脆弱，容易受到过度加热、远距离运输或者长期保存的伤害而失去活性。因此，优质奶产自本土奶，是科学规律，也是国产奶立于不败之地、应对进口冲击、提高市场竞争力的根本所在，是我国奶业发展的方向。

还要不要进口奶？

按照《全国奶业发展规划（2016—2020 年）》部署，到 2020 年我国奶类消费量要达到 5 800 万吨，综合考虑国内土地、饲料、水等资源以及生态环境等约束因素，国产奶量约 4 100 万吨，还有 1 700 万吨需要进口。要以开放的心态、自信的心态对待进口奶。适当进口奶产品，是对国产奶数量不足的补充。但是，优质奶的大旗，还要依靠国产奶来扛。

三、优质乳工程技术开发与示范

优质奶产自本土奶，但是本土奶并不必然就是优质奶。如何推动我国奶业从安全底线向优质转型升级？

农业农村部奶产品质量安全风险评估实验室（北京）以国家奶业科技创新联盟（以下简称“联盟”）为平台，组织全国 75 家单位协同创新，聚焦生鲜奶用途分级、加工工艺优化和奶产品品质评价 3 项重大核心技术联合攻关，开发出“优质乳工程”技术体系，在现代牧业、新希望乳业、长富乳业、光明乳业等 36 家企业示范应用，充分发挥了技术引领、标准引领、品质引领和品牌引领作用，生产出品质优异、活性健康、绿色低碳的优质奶产品，达到国际先进水平，培育了国产优质品牌，显著提高了示范企业对进口奶的竞争力，为加快构建全国优质乳体系和推动奶业供给侧结构性改革积累了宝贵经验。

1. 研发生鲜奶用途分级技术，正向引导奶业利益分配

农业农村部奶产品质量安全风险评估实验室（北京）通

过构建含有 154 项因子、110 万余条数据的奶产品质量安全与营养功能评价数据库，制定出生乳用途分级技术，推动联盟示范企业实现了优质原料奶—优质奶产品的无缝连接，优质乳工程示范企业没有一例拒收限收现象，反而是主动加价收购优质原料奶。示范企业上海光明乳业股份有限公司在全国奶价普遍降低的情况下，为每千克优质原料奶加价 0.15 元，与 2016 年相比，2017 年成母牛头均增加收入 686 元。依靠标准引领，建立了从优质奶产品倒逼加工企业主动寻找优质奶源、支持奶农发展的利益分配模式，正向引导奶业利益分配，切实保护了奶农利益。

2. 开发新型加工工艺，引领企业绿色低碳发展

我国奶产品加工工艺一直缺少规范与标准，存在严重加工过度、高耗能高排放现象。农业农村部奶产品质量安全风险评估实验室（北京）与联盟基于中国农科院 10 余年的研究成果，开发出绿色加工工艺规范，去掉了传统加工工艺中的预巴杀和闪蒸工序，加工温度由原来的 95℃下降到 75℃。每加工 1 吨巴氏杀菌乳节约 48.55 元，加工成本降低 15% 以上，降低 CO_2 排放 46.51kg，降低 SO_2 排放 0.15kg，降低氮氧化合物排放 0.13kg，构建了乳品加工业节能减排、绿色低碳发展的新模式。

3. 创新品质评价技术，培育国产优质乳品牌

在前期成果基础上，农业农村部奶产品质量安全风险评估实验室（北京）开发出品质评价技术，提出“优质奶来自本土奶”的理念，已经成为联盟乳品企业应对进口冲击的有效途径。新希望乳业有限公司华西分公司的优质巴氏杀菌乳销量同比增幅 18%，福建长富乳业集团股份有限公司优质巴氏杀菌乳占福建市场 90%。示范企业已经把优质乳品牌当作与进口奶竞争的新起点，开拓新市场的新征程，引导理性消费的新标识。

优质乳工程自 2014 年开始示范，已经有 22 个省（自治区、直辖市）42 个企业参与。仅 2017 年统计，示范企业共举办优质乳品牌宣讲会 77 次，发放线上线下科普教育资料 7.3 万册（篇），参加优质乳现场科普的消费者 28.71 万人次，线上访问交流人数达到 7 724 万人次，优质乳品牌逐渐得到全国消费者认可并发挥效应。海关数据显示，2017 年 1—10 月，我国进口鲜奶量 53.2 万吨，同比增长 0.6%，结束了 2008 年以来进口量年均增长 70% 以上的高速势头；从消费终端看，尼尔森数据显示，2017 年 1—6 月，国内液态

奶销售量增长 6.0%，扭转了 2016 年同期下降 1.6%、2015 年同期下降 0.1% 连续下滑的态势，国产液态奶产量和消费量都出现明显增加，国产奶业正在从简单的变换花色品种模式，向提升内在品质、打造优质乳品牌模式转变。

目前，农业农村部奶产品质量安全风险评估实验室（北京）与联盟共同研发的优质生鲜奶用途分级技术规范、优质奶源质量安全全程控制规范、优质绿色低碳奶产品加工工艺技术规范、优质奶产品品质评价技术规范、优质奶产品贮存运输技术规范和优质奶产品冷链建设技术规范，虽然在示范企业得到验证和应用，并已经转化为各个企业的标准。但是还没有获得政府文件认可，不具备法定效力，导致各个企业仍处于单打独斗阶段，削弱了整体应对进口冲击的效果。

因此，建议国家颁布优质乳工程相关标准或规范，促进乳品企业提高价格收购奶农的优质奶源，从根本上改善奶业利益分配不平衡状况；同时以优质乳品牌为抓手，尽快实现优质乳品牌标识规范化和制度化，做强做大优质乳产业，为健康中国作出更大贡献。

第二章 奶业基本情况

- 奶牛养殖数量和生鲜乳产量稳中有降，养殖方式加快转变
- 奶制品加工量和消费量持续增长，乳品企业加快整合
- 国际奶业竞争依然激烈，对国内奶业冲击较大
- 奶制品进口贸易情况及影响、建议

2017 年，我国奶业发展喜忧并存，总体趋稳向好。奶业是健康中国、强壮民族不可或缺的产业，国家重视、社会关注、民众期待。历经多年改革创新，奶业结构调整稳步推进，奶业转型升级明显加快，奶业产业素质不断提升，质量安全水平大幅提高，现代奶业格局基本形成，已完全具备创民族品牌、建世界一流奶业的基础和条件。乳品加工和消费平稳增长，标准化规模养殖快速推进，信息化、智能化水平大幅提升。但与此同时，奶牛养殖仍面临挑战，生产成本居高不下，而收购价格却偏低，加之限收拒收，养殖企业和奶农亏损面广、亏损程度严重。奶牛存栏和生乳产量稳中有降，国产奶业市场缺乏竞争力偏低，奶制品进口冲击严重。

一、奶牛养殖数量和生鲜乳产量稳中有降，养殖方式加快转变

2017 年我国奶牛存栏量 1 340.3 万头，比 2016 年减少了 5.96%，比 2008 年增长了 8.7%。2017 年牛奶产量 3 545 万吨，比 2016 年下降 1.6%，比 2008 年略降 0.3%（图 2-1）。2010 年以来，我国每年奶牛存栏和生鲜牛奶产量都维持在 1 300 万头以上和 3 500 万吨以上。

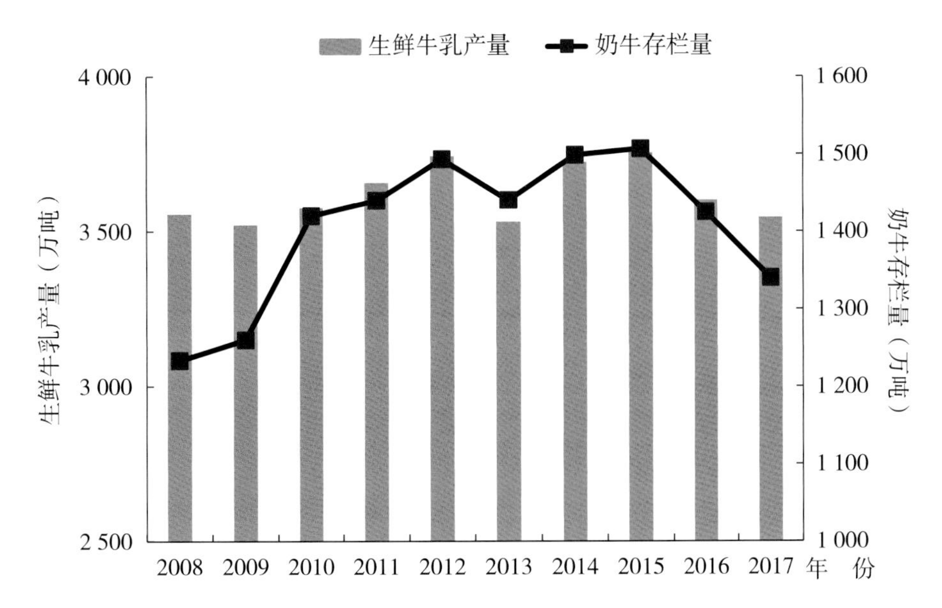

图 2-1　2008—2017 年我国奶牛存栏量和生鲜牛乳产量统计

数据来源：中国奶业统计摘要（2017 年奶牛存栏量为预计数）

我国是牛奶生产大国，牛奶产量仅位于印度和美国之后，居世界第三位，2016 年约占全球牛奶产量的 5.0%。

我国奶牛养殖方式进一步向标准化规模养殖方向发展。2016 年存栏 100 头以上的奶牛养殖场比重达到 52.3%，比 2008 年增长 32.8 个百分点，2017 年存栏 100 头以上的奶牛养殖场比重预计 54% 左右（图 2-2）。牧场机械挤奶普及率 100%，全混合日粮普及率 80% 以上。

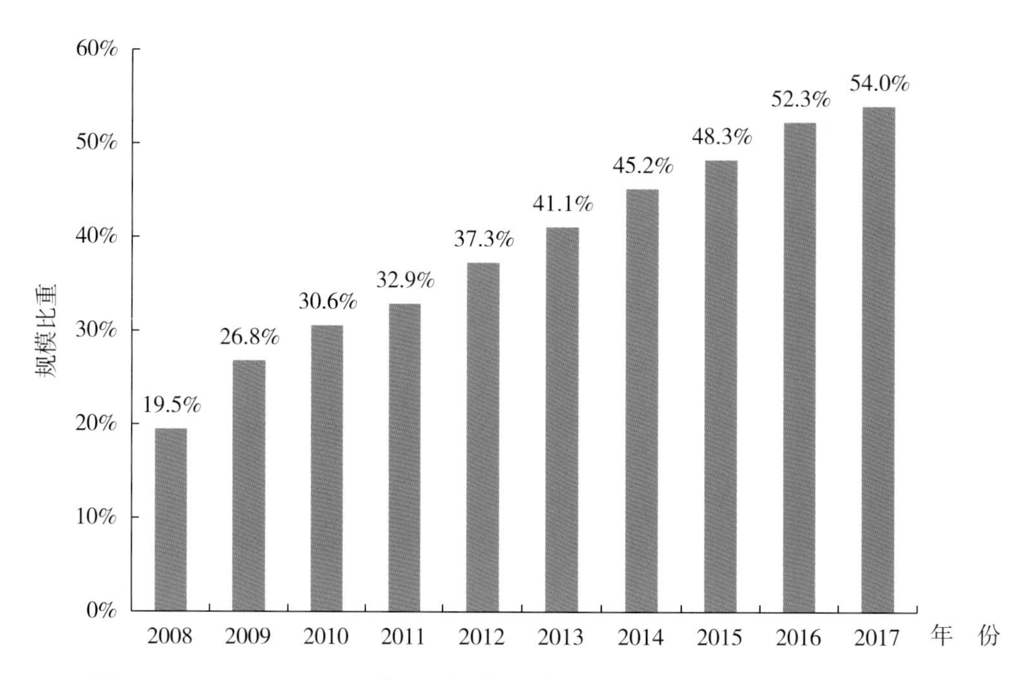

图 2-2　2008—2017 年奶牛养殖存栏 100 头以上规模比重统计

数据来源：中国奶业统计摘要（2017 年数据为预计数）

2017 年 10 个主产省份全年生鲜乳平均收购价格为 3.48 元 /kg，比 2016 年平均价格略涨 1.9%，全年奶价呈“V”字形走势。2017 年 1—5 月生鲜乳收购价格持续走低；6—7 月趋于平稳，但稳中有降；8 月止跌回升，上涨势头持续到年底。12 月当月的平均收购价格达到 3.52 元 /kg，累计涨幅 3.2%。

二、奶制品加工量和消费量持续增长，乳品企业加快整合

2017 年，我国奶制品产量累计 2 935.0 万吨，同比下降 1.9%（图 2-3）；其中，液态奶产量累计 2 691.7 万吨，同比下降 1.7%。奶制品净消费量 3 259.3 万吨，同比增长 1.7%。

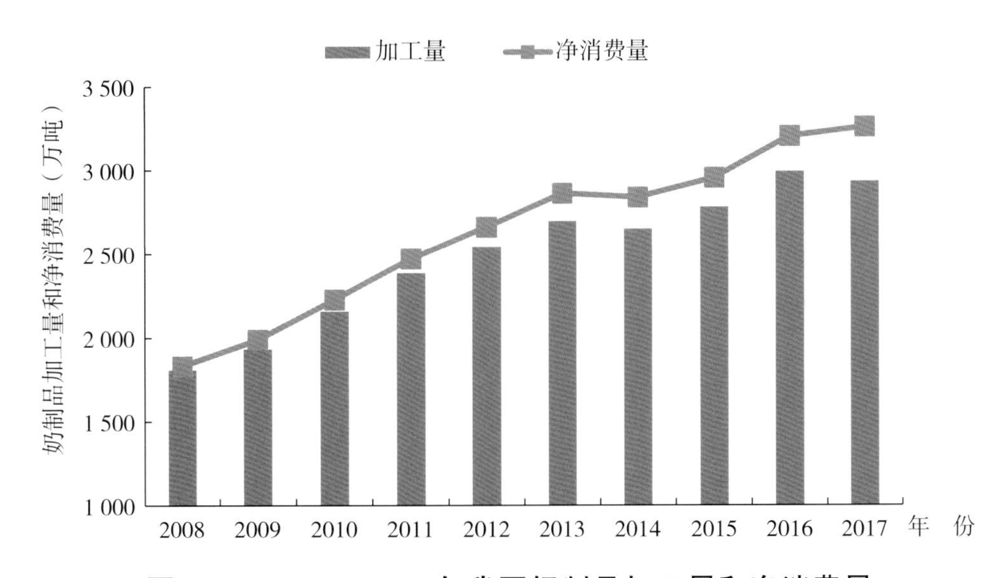

图 2-3　2008—2017 年我国奶制品加工量和净消费量

数据来源：中国奶业统计摘要

（国内奶制品净消费量 = 国内奶制品产量 + 奶制品进口量 - 奶制品出口量）

三、国际奶业竞争依然激烈，对国内奶业冲击较大

我国奶业与国际奶业关联度较高，受国际奶业发展的影响越来越大。2016 年全球奶类总产量 8.26 亿吨，比 2015 年增长 0.9%，考虑到气候与市场，2017 年全球奶类总产量预计比 2016 年增长 1.0%，增至 8.37 亿吨（图 2-4）。

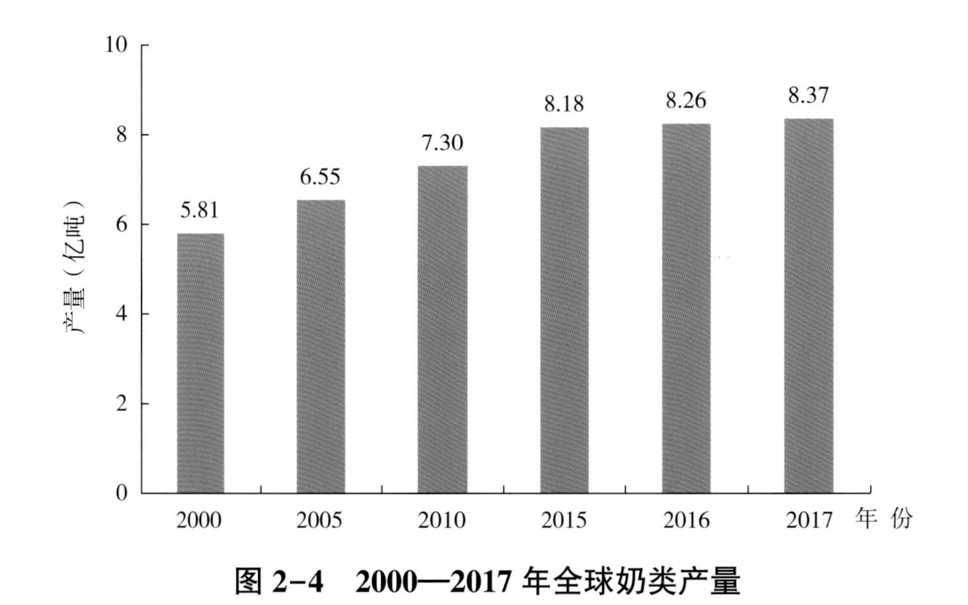

图 2-4　2000—2017 年全球奶类产量

数据来源：国际乳品联合会（International Dairy Federation，IDF），2017 年为预计数

2017 年全球原料奶价格平均为 35.9 美元 /100kg，比 2016 年增长了 8.2 美元 /100kg。全年原料奶价格总体处于历史高位，总体先涨后跌，12 月跌至 31.9 美元 /100kg，折合

人民币 2.10 元 /kg，与国内生鲜乳平均价格 3.48 元 /kg 相比，要低 1.38 元 /kg，因此，拉动了奶制品进口量的增加。

2017 年，我国全年进口奶制品 246.98 万吨，同比增长 13.4%。在 246.98 万吨进口奶制品中，有液态奶（含酸奶）70.17 万吨、原料奶粉 71.81 万吨、婴幼儿配方奶粉 29.60 万吨、炼乳 2.55 万吨、奶酪 10.80 万吨、黄油 9.16 万吨和乳清粉 52.96 万吨（图 2-5）。

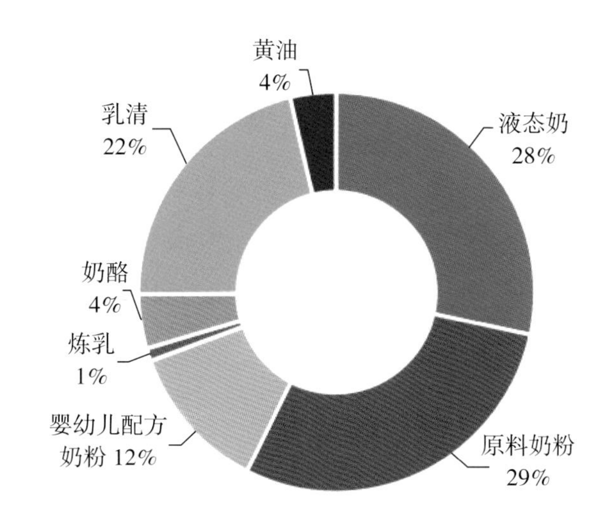

图 2-5　2017 年我国进口各类奶制品份额

数据来源：中国奶业统计摘要

就液态奶（不含酸奶）而言，有 57.35 万吨从新西兰、德国、法国、澳大利亚进口，占进口总量的 85.9%。其中，从新西兰进口 21.00 万吨，占进口总量的 31.5%；从德国进口 19.55 万吨，占进口总量的 29.3%；从法国进口 9.19 万吨，占进口总量的 13.8%；从澳大利亚进口 7.62 万吨，占进口总量的 11.4%。

就原料奶粉而言，有 65.18 万吨进口于新西兰、澳大利亚、美国、法国，占进口总量的 90.9%。其中，从新西兰进口 54.98 万吨，占进口总量的 76.6%；从澳大利亚进口 4.60 万吨，占进口总量的 6.4%；从美国进口 3.38 万吨，占进口总量的 4.7%；从法国进口 2.22 万吨，占进口总量的 3.1%。

2017 年我国奶制品进口增长 13.4%，增幅超过 10%，进口压力巨大。据 IDF 预测，2018 年全球奶类产量仍将保持增长，全球原料奶价格走低，国内外原料奶价格差距进一步加大，国产奶业面临的进口压力和挑战仍然很大。

四、奶制品进口贸易情况及影响、建议

我国奶业是一个高度开放的产业，根据世界贸易组织（WTO）公布的数据，2016 年我国奶制品进口平均关税为 12.2%，而世界平均关税为 55%。奶制品是我国重要的进口农产品，2017 年奶制品进口额为 88 亿美元，出口额为

4 785 万美元，逆差 87.5 亿美元，占我国农产品贸易逆差的 17.4%。奶制品进口一方面丰富了我国奶制品市场，为奶制品加工企业供给了丰富的原料，但另一方面，2008—2017 年 10 年间我国奶制品的进口增速过快，对外依赖程度过高，也对国内奶业造成了较大冲击。

1. 奶制品总体进口情况

（1）奶制品进口量的变化

1999 年以前，我国奶制品进口量保持在每年 10 万吨左右。2000—2008 年，奶制品进口量开始小幅增加，从 21.9 万吨增至 38.7 万吨，年均增长 7.4%（图 2-6）。2008 年以

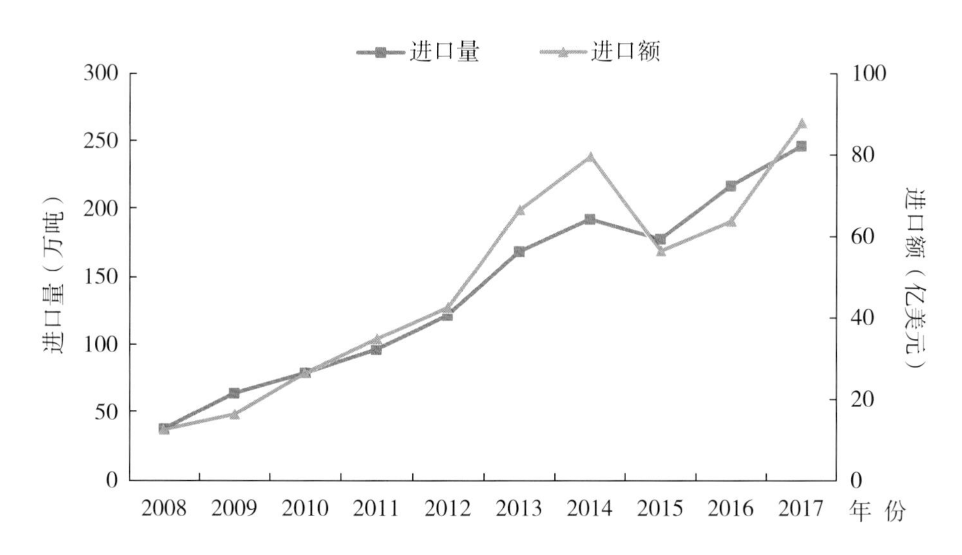

图 2-6　2008—2017 年我国奶制品进口量和进口额

数据来源：中国奶业统计摘要

后，奶制品进口量快速增加，2008—2017 年，进口量从 38.7 万吨增至 247.0 万吨，年均增长 22.9%；进口额从 12.6 亿美元增至 88.0 亿美元，年均增长 24.1%。

（2）奶制品进口结构的变化

我国进口奶制品大体可分为液态奶和干乳制品两类，其中液态奶包括鲜奶（海关术语，主要包括巴氏奶和常温奶，如果严格按照乳品国家标准，只有巴氏奶可称为鲜奶）和酸奶，干乳制品包括原料奶粉、炼乳、乳清、奶油、奶酪、婴幼儿配方乳粉等。2008 年，我国进口奶制品以干乳制品为主（图 2-7），其中乳清、原料奶粉、婴幼儿配方乳粉分别占

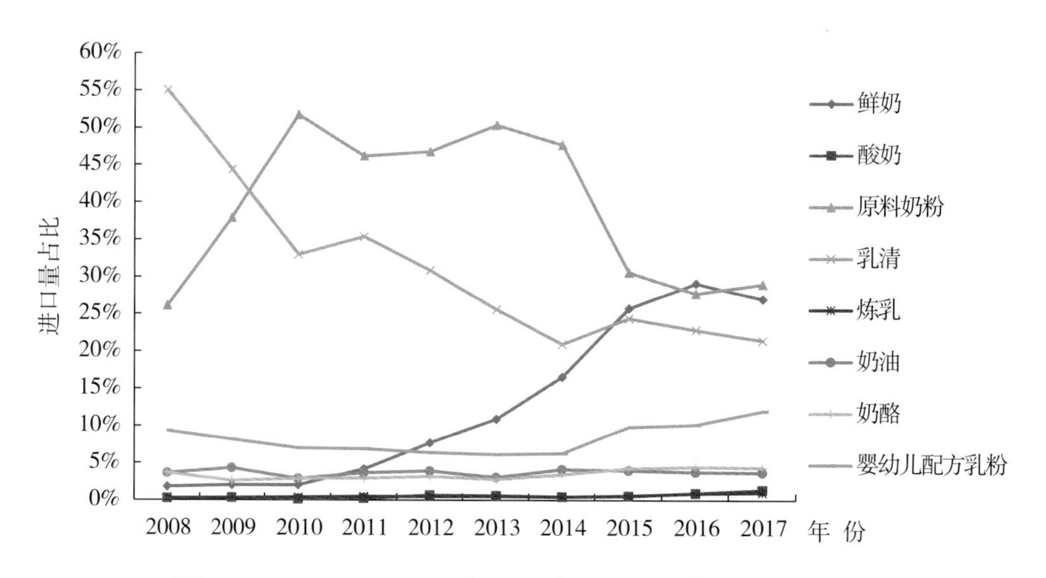

图 2-7　2008—2017 年不同奶制品品类进口量占比

数据来源：中国奶业统计摘要

55.04%、26.10% 和 9.30%，鲜奶仅占 1.81%。而 2017 年，鲜奶占比提升至 27.03%，乳清、原料奶粉、婴幼儿配方乳粉分别占 21.44%、29.04% 和 11.98%。

2. 奶制品分品种进口情况

（1）液态奶进口

2008—2016 年，液态奶进口量从 0.80 万吨增至 65.50 万吨，年均增长 73.4%，2017 年进口量 70.17 万吨，同比 2016 年增加 7.1%，增速明显放缓（图 2-8）。从产品类别看，液奶进口增速下滑，酸奶进口继续保持高增长，2017 进口液奶

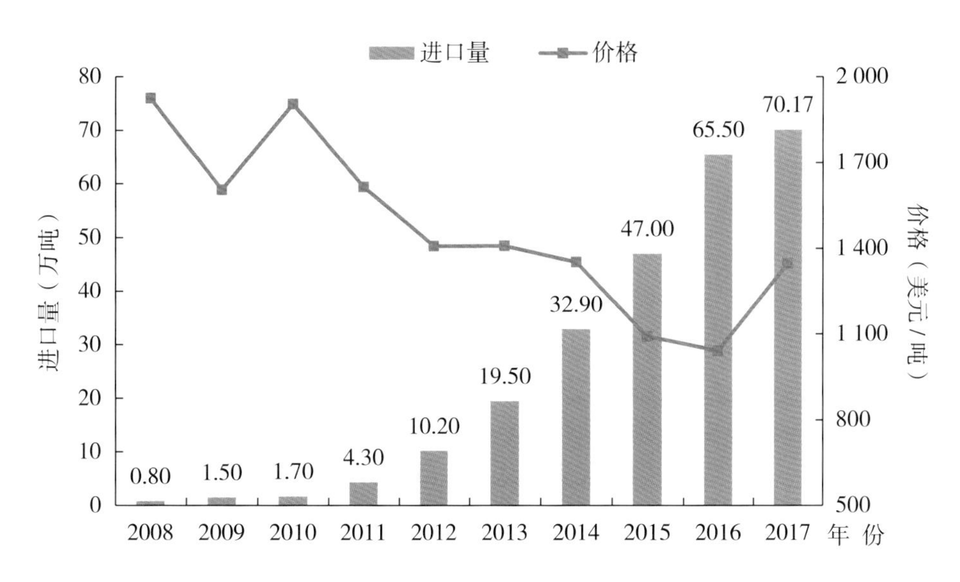

图 2-8　2008—2017 年液态奶进口情况

数据来源：中国奶业统计摘要

66.76 万吨，同比增长 5.28%，进口酸奶 3.42 万吨，同比增长 63.64%。2017 年液奶和酸奶进口均价分别为 1 317.18 美元 / 吨和 1 958 美元 / 吨，折合人民币分别为 8.89 元 /kg 和 13.20 元 /kg，处于近 10 年较低水平。

（2）原料奶粉进口

原料奶粉是奶制品加工的重要原料，按照我国现行乳品国家标准，可广泛用于生产配方奶粉、酸奶、还原奶、乳饮料、功能性食品等。2008—2017 年，我国进口原料奶粉从 10.10 万吨增至 71.74 万吨，年均增长 24.34%，高点是 2014 年的 92.3 万吨（图 2-9）。原料奶粉进口量主要取决于国内外牛奶价差和国内生产情况，按照目前我国的奶制品产品

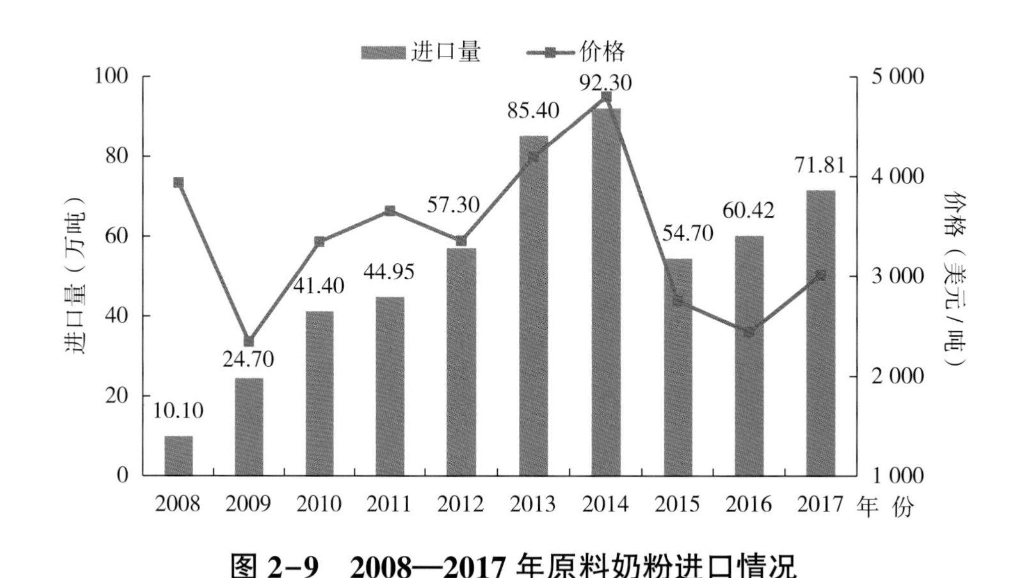

图 2-9　2008—2017 年原料奶粉进口情况

数据来源：中国奶业统计摘要

结构，通常认为一年进口 60 万～ 70 万吨原料奶粉既能满足需求，又不会积压库存。2017 年进口原料奶粉均价 3 020 美元 / 吨，同比上涨 23.4%，处于近 10 年相对低位。

新西兰是我国最重要的奶产品进口来源国，特别是在 2008 年《中国—新西兰自由贸易协定》签订以后，从新西兰进口的原料奶粉关税由之前最惠国税率 10% 已降至 2018 的 0.8%，2019 年将进一步降至零。2017 年我国从新西兰进口原料奶粉 54.98 万吨，占比 76.6%，比 2008 年提高 26.5 个百分点；此外，从欧盟进口 8.62 万吨，占 11.9% ；从澳大利亚进口 4.6 万吨，占 6.4% ；从美国进口 3.38 万吨，占 4.7%（图 2–10）。

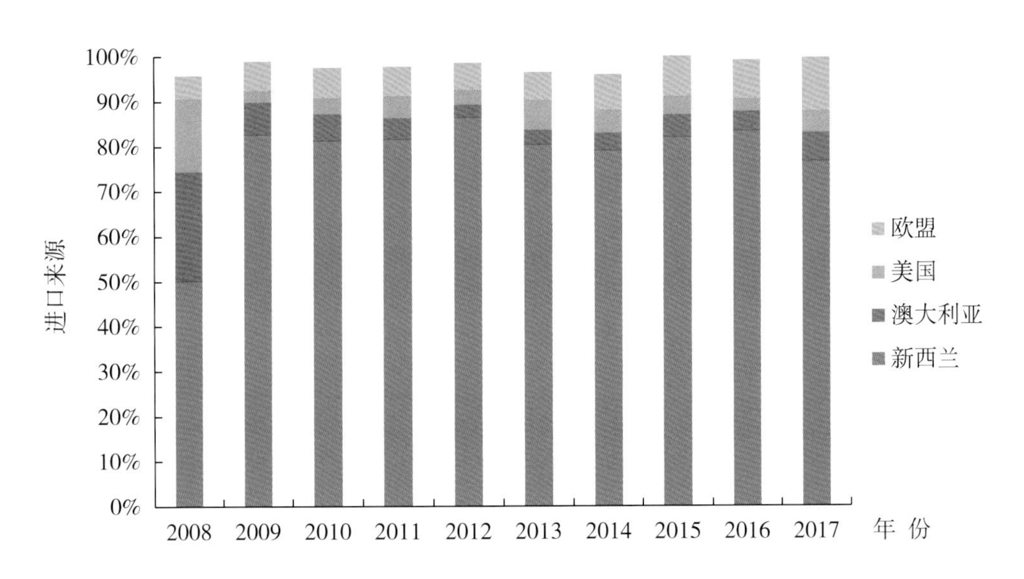

图 2–10　2008—2017 年原料奶粉进口来源国

数据来源：中国奶业统计摘要

（3）婴幼儿配方奶粉进口

2008—2017 年，婴幼儿配方奶粉进口量从 3.6 万吨增至 29.6 万吨，年均增长 26.4%。特别是从 2015 年开始进口增速加快，2015—2017 年，年均增速为 34.6%。婴幼儿配方奶粉价格总体呈上涨趋势，2017 年平均价格为 13 449.9 美元/吨，同比略降 1.1%，比 2008 年提高 22.3%（图 2-11）。我国婴幼儿配方奶粉的进口来源国前五位分别是荷兰、新西兰、法国、爱尔兰和德国，进口占比分别为 29.58%、16.00%、14.48%、12.73% 和 9.32%，合计占比为 82.11%。

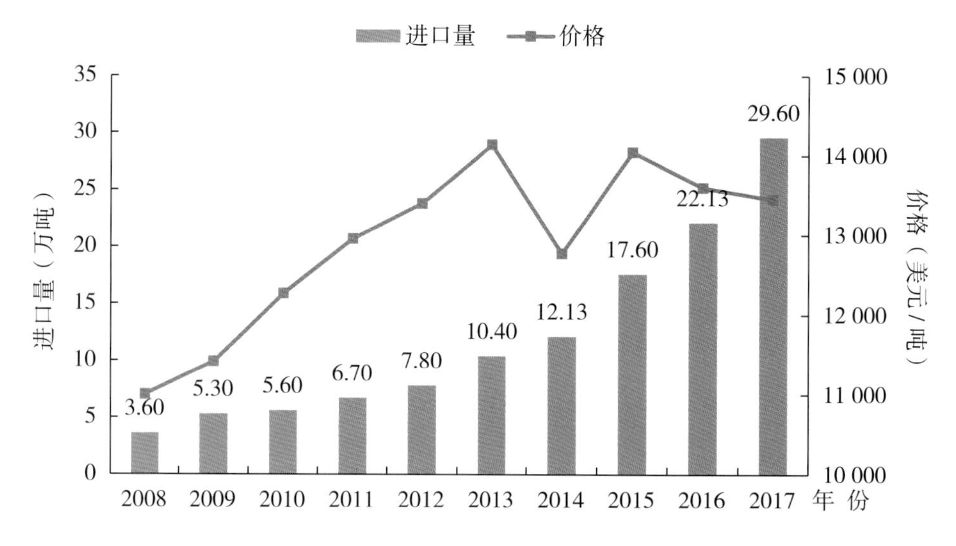

图 2-11　2008—2017 年婴幼儿配方奶粉进口情况

数据来源：中国奶业统计摘要

（4）乳清、奶酪、炼乳、奶油进口

奶酪（国家标准 GB 5420 称“干酪”）是奶业发达国家最主要的奶制品之一，已形成了庞大的产业链和独特奶食文化。但我国居民尚未形成消费奶酪的习惯，因此产量很小，特别是以生鲜乳生产的奶酪估计年产不到 1 万吨。但近些年来，年轻阶层对奶酪接受度提高，消费量明显增加，从而推动了奶酪进口增加。2008—2017 年，我国进口奶酪从 1.40 万吨增至 10.8 万吨，年均增速 25.48%。2017 年奶酪平均价格 4 608.52 美元 / 吨，同比上涨 6.82%，处于近 10 年均价以下（图 2-12）。

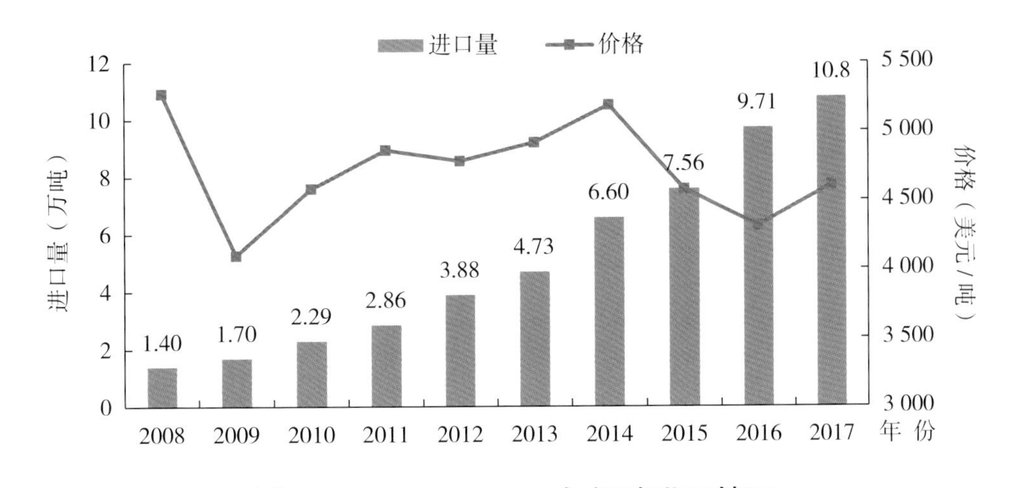

图 2-12　2008—2017 年奶酪进口情况

数据来源：中国奶业统计摘要

乳清是奶酪生产时的副产品，国内产量很低，基本上依赖进口，其中一部分用于生产婴幼儿配方奶粉。2008—2017 年，乳清进口量从 21.30 万吨增至 52.96 万吨，年均增速 10.65%，增速相对较慢。2017 年进口乳清平均价格为 1 258.21 美元 / 吨，处于近 10 年低位水平（图 2-13）。

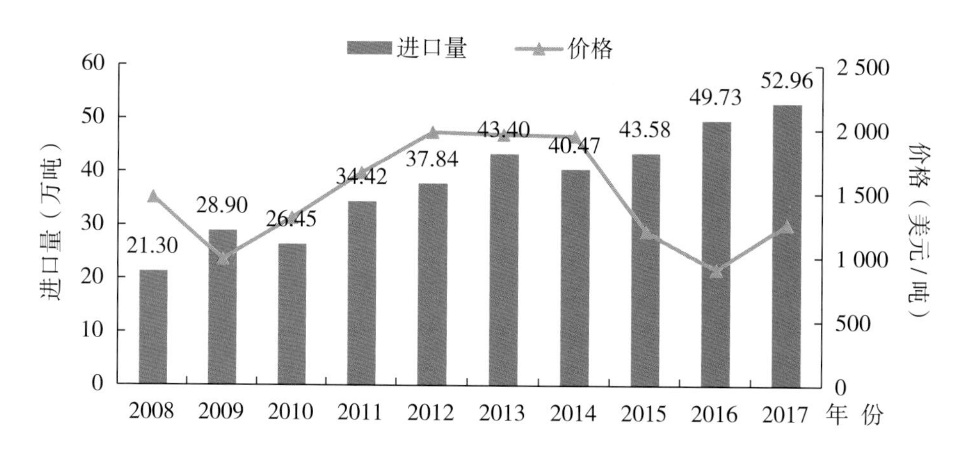

图 2-13　2008—2017 年乳清进口情况

数据来源：中国奶业统计摘要

2008—2017 年，炼乳进口量持续增加，并在 2015 年后有所加速。2017 年进口炼乳 2.56 万吨，同比增长 28.0%。进口炼乳平均价格为 1 810.55 美元 / 吨，同比下降 0.66%，处于近 10 年低位水平（图 2-14）。

2008—2017 年，奶油进口量持续增加，增速相对平稳，2017 年进口奶油 9.16 万吨，同比增长 11.8%。进口奶油平均价格 5 460.26 美元 / 吨，处于 2008 年以来最高位（图 2-15）。

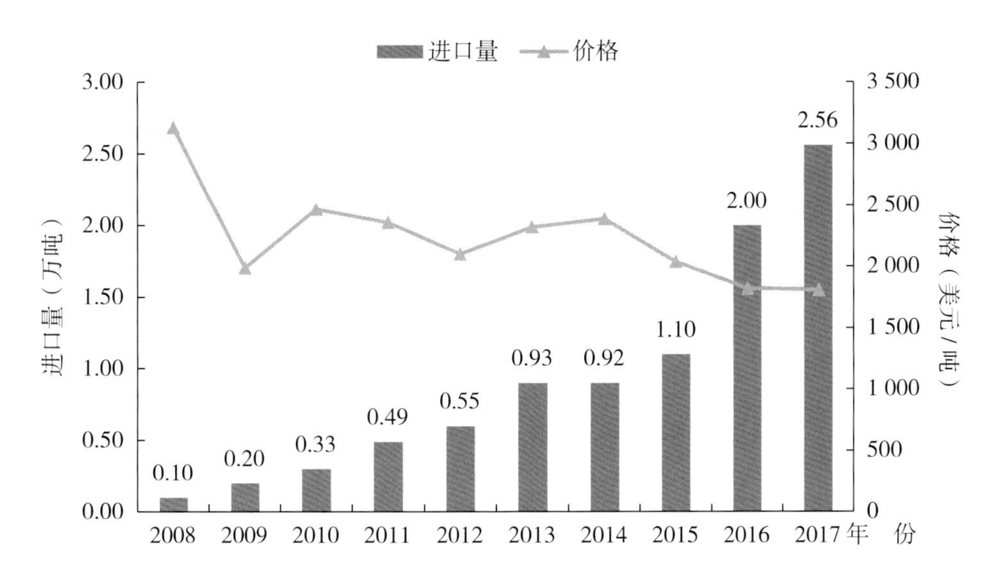

图 2-14 2008—2017 年炼乳进口情况

数据来源：中国奶业统计摘要

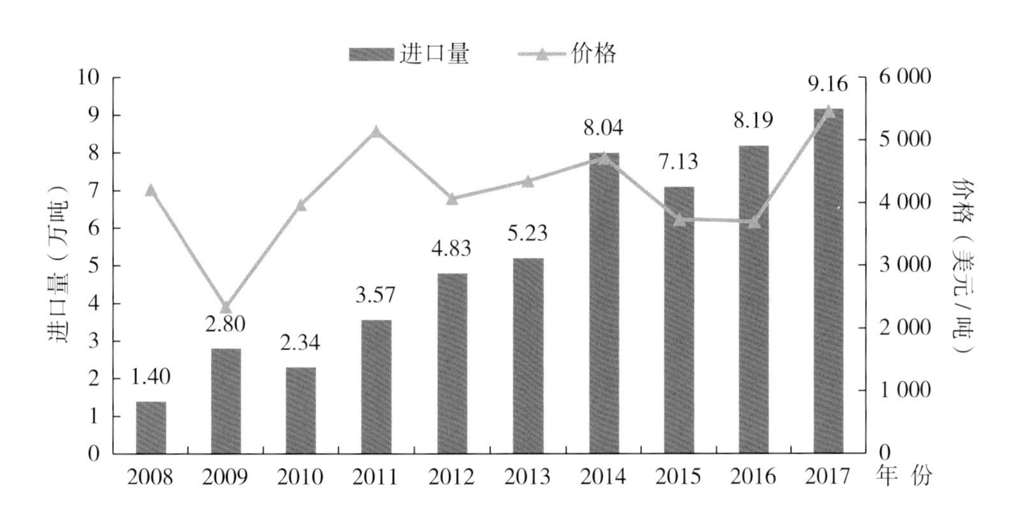

图 2-15 2008—2017 年奶油进口情况

数据来源：中国奶业统计摘要

3. 进口奶制品对我国奶业的影响

近 10 年，中国奶业从国际市场上获取了大量产品、技术和服务，在牧草种植、奶牛养殖、奶产品加工等方面学习和借鉴了奶业发达国家的经验，加快了我国现代奶业的发展进程。但应该看到，我国进口奶制品增速过快，对上游养殖业和终端产品市场都产生了较大影响。2008—2017 年，全国城乡居民奶制品消费量折合生鲜乳从 3 807 万吨增至 5 030 万吨，净增 1 223 万吨；而同期国内牛奶产量从 3 556 万吨降至 3 545 万吨，反而减少 11 万吨，也就是说这 10 年消费增量全部由进口产品挤占。从各种奶制品的特征和属性看，有些奶制品是成品，有些则是原料，有些奶制品是国内短缺的，有些则是同质性和竞争性的。因此，每种产品对我国奶业的影响都是不同的。

（1）原料奶粉大量进口影响国内奶牛养殖业

我国是全球最大的原料奶粉进口国，2017 年，我国进口原料奶粉 71.74 万吨，约占全球原料奶粉贸易总量 15%，相对于我国约占全球 6% 的奶类消费量，进口原料奶粉量明显偏高。在我国进口的各种奶制品中，原料奶粉进口量也是最大的，这对国内奶业的影响主要体现在两方面：一是直接冲击国内奶牛养殖业，影响奶农就业。进口原料奶粉作为原料，直接和本国生鲜乳竞争。2008—2017 年，进口原料奶粉增加了 610.2%，而国内生鲜乳产量却下降 0.3%。养殖业空间被压缩，部分奶农被迫退出，奶牛养殖吸纳农民就业的功能正在减弱。二是国产原料奶粉作为调节生鲜乳季节性供需不平衡的“蓄水池”功能正在丧失。各国奶源都有不同程度的季节性供需不平衡问题，但西方以奶酪为主的消费结构和奶酪易贮藏的特性缓解了这一矛盾。我国奶源供需季节性不平衡问题比较突出，上半年 2—6 月，生鲜乳供大于需，下半年从 7 月开始，生鲜乳需略大于供。我国奶酪消费量很低，年人均消费量不到 0.1kg，季节性调节余缺主要靠原料奶粉，养殖场会将上半年过剩的原料奶喷粉，用于对外出售或缺奶时喂小牛。但进口和国产原料奶粉大部分时候有价差，每吨价差甚至高达 1 万元以上，让养殖场陷入喷粉越多、赔得越多、喷粉积压的困境，我国奶源季节性过剩也由此演变成了输入型奶源过剩，这已非国产原料奶粉所能够调节。

（2）液态奶大量进口影响消费者福利

在奶制品国际贸易中，液态奶并不是主要产品形式，这是由液态奶保质期短、运输成本高的特征决定的，更是由“优质奶只能产自于本土”的消费认知所决定的。因此，即便像日本这样的缺奶国家，液态奶也是基本自给自足。2017

年日本进口液态奶 99.7 吨，仅占本国产量的 0.002 5%。近几年，我国进口液态奶高速增长，2017 年达到 70.17 万吨，占我国液态奶产量的 2.6%。我国离各奶业大国有数千千米之遥，因此这个占比不正常。液态奶进口大量增加所产生的影响，主要有三方面：一是对部分地区的一些乳品企业产生了较大压力，特别是沿海的上海、广东等地；二是强化了消费者对国产奶制品不信任的心理，影响了我国奶业形象；三是进口奶品质存有隐忧，影响消费者福利。目前，在中国市场有超过 100 个进口品牌，其中大部分是面向中国市场的小品牌，品质不容乐观，根据国家质检总局通报，2017 年共有 56 批次、292.6 吨的进口液态奶未准入境。从长远看，液态奶进口持续大幅增加并不符合贸易规律和国内消费者对优质产品的需求。

（3）婴幼儿配方奶粉进口持续快速增加压缩了国产奶业的发展空间

在我国进口的各类奶制品中，婴幼儿配方奶粉进口额最大。2017 年婴幼儿配方奶粉进口量仅占全国奶制品进口总量的 11.98%，但进口额达到 39.81 亿美元，占奶制品进口总额的 45.24%。从终端销售额看，商务部监测数据显示，2017

年国外品牌婴幼儿配方奶粉均价为 225 元 /kg，国产品牌婴幼儿配方奶粉均价为 176 元 /kg，2017 年进口婴幼儿配方奶粉 29.6 万吨，国内产量约 60 万吨，由此可得，进口和国内生产的婴幼儿配方奶粉的销售额分别为 666 亿元和 880 亿元，进口产品约占总销售额的 43.1%。但由于很多国外品牌在我国本土生产，如果以中外品牌论，国外品牌优势明显。尼尔森数据显示，全国婴幼儿配方奶粉销售份额排名前 10 位的品牌中，进口品牌 6 家，国产品牌 4 家。国外品牌主要集中在中高端市场，惠氏、纽迪希亚、美赞臣等品牌销量占高端市场 70% 以上，国内品牌主要集中在中低端和农村市场。

（4）乳清、奶酪等产品进口满足了我国奶制品加工业对原料的需求和居民对奶产品多样性的消费需求

我国耕地、淡水等资源有限，环境约束趋紧，乳清粉、奶酪等产品是国内短缺产品，适量进口有利于利用好国内国外两个市场、两种资源。

4. 相关建议

一是开展进口液态奶品质分析评价，引导消费者理性消费。建议国家有关部门对进口液态奶开展基于糠氨酸、乳铁蛋白、乳果糖等指标的品质分析评价，并定期发布结果，让

进口液态奶与国产液态奶站在“同一标准线”上供消费者选择，也让消费者在权威数据的基础上理性选择、理性消费，充分保障消费者的知情权和消费福利。

二是加大饮奶知识科普宣传力度，提高公众对什么是优质乳的认识。当前我国人均奶制品消费量为 36.1kg，仅为世界平均水平的 1/3，需要大力倡导饮奶消费。此外，要大力宣传“人类为什么要喝奶”“什么是好牛奶”“好奶只能产自于本土”等饮奶知识，提高消费者的科学消费水平。

第三章 国产奶质量安全水平稳步提升

- 奶制品安全高于全国食品平均水平
- 主流品牌婴幼儿奶粉质量安全水平显著提高
- 国产奶质量安全水平与欧盟比较
- 存在的问题

一、奶制品安全高于全国食品平均水平

国家市场监督管理总局公布的数据显示，2015 年国家食品安全监督抽检中合格食品 166 769 批次，不合格食品 5 541 批次，合格比例 96.8%，不合格比例 3.2%。奶制品中合格产品 9 306 批次，不合格产品 44 批次，合格比例为 99.5%，不合格比例 0.5%。

2016 年国家食品安全监督抽检中合格食品 249 166 批次，不合格食品 8 283 批次，合格比例 96.8%，不合格比例 3.2%，与 2015 年持平。奶制品中合格产品 3 303 批次，不合格产品 15 批次，合格比例 99.5%，不合格比例 0.5%。

2017 年国家食品安全监督抽检中合格食品 151 769 批次，不合格食品 3 684 批次，合格比例 97.6%，不合格比例 2.4%。奶制品中合格产品 7 104 批次，不合格产品 57 批次，合格比例 99.2%，不合格比例 0.8%（表 3–1）。

表 3-1　2015—2017 年国内食品安全比较

项　目	2015 年		2016 年		2017 年	
	食品	奶制品	食品	奶制品	食品	奶制品
合格记录数（条）	166 769	9 306	249 166	3 303	151 769	7 104
不合格记录数（条）	5 541	44	8 283	15	3 684	57
不合格比例（%）	3.2	0.5	3.2	0.5	2.4	0.8

数据来源：国家食品药品监督管理总局

从数据可以看出，奶制品不合格比例依然远低于整个食品的不合格比例，是名副其实的安全食品。

在 2017 年国家市场监督管理总局抽检的食品中，不合格产品基本属于偶发性的质量问题，不具有系统性、普遍性或区域性、局部性的风险，分析这些不合格问题发生的原因，不是工艺问题，也不是技术问题，而是管理上的漏洞。

二、主流品牌婴幼儿奶粉质量安全水平显著提高

据中奶协快报（2018.2.2）报道，截至 2018 年 2 月 1

日，国家市场监督管理总局共批准 144 家婴幼儿配方奶粉生产企业（工厂）370 个系列的 1 086 个产品配方注册。在批准注册的婴幼儿配方奶粉产品配方中，牛奶粉产品配方 856 个，占 78.8%；羊奶粉产品配方 230 个，占 21.2%。在政府主导的配方注册制政策下，市场上原有的婴幼儿奶粉配方品牌因为审批被淘汰 2/3 左右。

2017 年 12 月，国家市场监督管理总局组织抽检婴幼儿配方奶粉 225 批次，被抽检样品合格率 100%。连续三年婴幼儿配方奶粉的抽检合格率都在 99% 以上，2017 年婴幼儿配方奶粉的合格率达到了 99.5% 以上，2017 年全年有一半左右的时间是百分之百的合格。婴幼儿配方食品合格率又有提高。婴幼儿配方奶粉中的“三聚氰胺”，相关部门已连续 9 年“零”检出。

婴幼儿配方奶粉的质量安全继续保持稳定向好的发展态势，消费者对国产奶制品的信心进一步增强。2017 年第三季度《中国青年报》社会调查中心联合问卷网，对 2005 名受访者进行的一项调查显示，50.1% 的受访者认为近年来国产奶品质越来越好了，75.7% 的受访者对国产奶的信任度有所提高，其中 22.8% 的受访者表示对国产奶的信任度大幅上升。

三、国产奶质量安全水平与欧盟比较

欧盟官方的食品与饲料快速预警系统（RASFF）2015 年年度报告中，食品不合格通报 3 049 起，其中奶产品相关 59 起，占 1.9%；2016 年年度报告中，食品不合格通报 2 993 起，其中奶产品相关 59 起，占 2.0%；2017 年年度报告中，食品不合格通报 3 403 起，其中奶产品相关 61 起，占 1.8%。2015 年，国家市场监督管理总局发布的报告显示，我国不合格食品 5 541 批次，其中不合格奶产品 44 批次，不合格奶产品仅占不合格食品的 0.8%；2016 年，国家市场监督管理总局发布的报告显示，我国不合格食品 8 283 批次，其中不合格奶产品 15 批次，不合格奶产品仅占不合格食品的 0.2%；2017 年，国家市场监督管理总局发布的报告显示，我国不合格食品 3 684 批次，其中不合格奶产品 57 批次，不合格奶产品仅占不合格食品的 1.5%（表 3-2）。可见，即使与国际先进水平相比，当前我国奶产品安全整体上也已经达到很高水平。

表 3-2　与欧盟奶产品安全比较

类　别	欧　盟			中　国		
	2015 年	2016 年	2017 年	2015 年	2016 年	2017 年
	不合格通报次数	不合格通报次数	不合格通报次数	不合格批次	不合格批次	不合格批次
食　品	3 049	2 993	3 403	5 541	8 283	3 684
奶产品	59	59	61	44	15	17
奶产品占比（%）	1.9	2.0	1.8	0.8	0.2	1.5

数据来源：国家食品药品监督管理总局和 RASFF

四、存在的问题

2018 年 1 月 18 日，据中国乳制品工业协会报道，2017 年度婴幼儿奶粉主流品牌质量大赛中，2—12 月共抽检 281 批次产品，1 098 个样品。通过大赛发现一些产品仍存在美中不足的地方。比如，某些样品的个别指标，如宏量成分、微量成分、污染物限量值等，实测值接近标准值的上限或下限，存在不合格风险。分析这些不合格问题发生的原因，不是工艺问题，也不是技术问题，而是管理上的漏洞。针对这些问题，乳企管理能力需进一步提升，质量意识还需进一步加强。此外，企业应采用先进的质量管理方法，提高全员、全过程、全方位的质量控制水平。

第四章 奶业科技创新进展

- 奶牛健康养殖与牛奶品质形成机理
- 奶产品质量安全风险评估与营养功能评价

2017 年，奶业创新团队在奶牛健康养殖与牛奶品质形成机理、奶产品质量安全风险评估与营养功能评价两方面取得了新进展。

一、奶牛健康养殖与牛奶品质形成机理

以奶牛健康养殖和牛奶品质提升为核心，用组学和分子营养学方法，研究营养与瘤胃微生物互作关系，阐明瘤胃微生物在牛奶品质形成中的调控机制，探析了瘤胃不同生态位的优势尿素分解菌群，通过细胞生物学方法揭示了乳蛋白合成的最佳氨基酸配比，通过组学技术绘制了乳脂肪球膜 N-糖基化蛋白的表达图谱。

1. 揭示奶牛瘤胃尿素分解菌群的生态位分布

尿素是一种非蛋白氮饲料，常被添加在反刍动物日粮中，以替代部分蛋白质饲料，从而降低饲料成本。但是瘤胃中尿素分解菌降解尿素速度过快，限制了尿素氮的利用效率。

通过构建尿素分解菌脲酶基因数据库，对奶牛瘤胃尿素分解菌脲酶基因进行高通量测序和分析。结果发现瘤胃上皮

尿素分解菌脲酶基因数量低于瘤胃内容物的，且瘤胃上皮粘附的尿素分解菌群落组成与瘤胃内容物菌群有显著不同。与数据库比对后，发现瘤胃中已被认识的尿素分解菌种类不足45%，瘤胃尿素分解菌来源于甲基球菌科、梭菌科、类芽孢菌科、幽门螺杆菌科和草酸杆菌科。尿素分解菌嗜甲基菌和海杆菌主要位于瘤胃上皮，螺杆菌主要位于瘤胃内容物。因此，本研究获得了瘤胃尿素分解菌的新脲酶基因信息，揭示了尿素分解菌及其脲酶基因的瘤胃生态位分布，为调控瘤胃尿素分解提供了重要靶标基础。

相关研究成果已在国际学术期刊《Frontiers in Microbiology》2017 年第 8 卷发表。

瘤胃尿素分解菌的生态位分布见图 4-1。

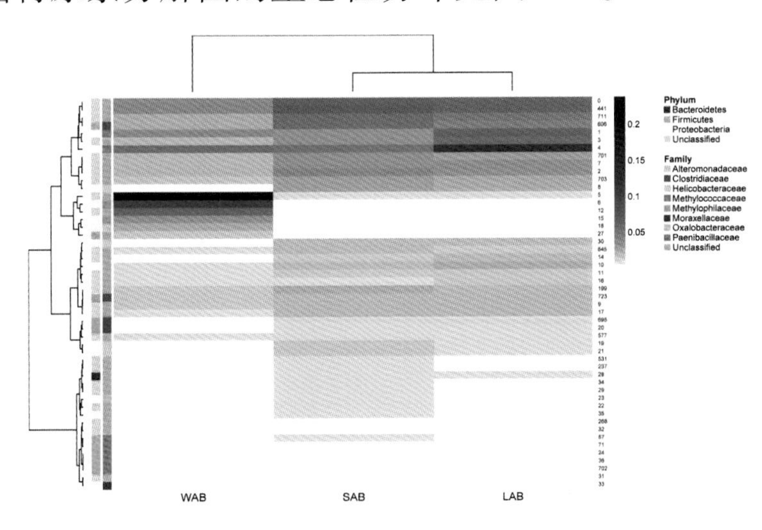

图 4-1　瘤胃尿素分解菌的生态位分布

2. 不同必需氨基酸配比模式调节牛乳腺细胞合成酪蛋白的表达

氨基酸是乳蛋白合成的主要原料，不仅其供给量影响乳蛋白产量，其平衡模式也影响乳蛋白产量。为了建立最优的氨基酸配比模式，揭示氨基酸配比对乳蛋白合成过程中 mTORC1 信号通路的影响，试验通过乳腺上皮细胞的体外培养，分析相关信号通路蛋白磷酸化水平。

研究发现 EAA（His、Lys、Met 和 Leu）显著影响 β-casein 的表达（$P < 0.01$，$R^2=0.71$）。其中当 His：Lys：Met：Leu=5：6：1：7 时，β-casein 的表达量最高（其含量高达阳性对照的 98%）。且只有 Leu 和 Met 在合成 β-casein 时存在负相关交互作用（$P < 0.01$）。进一步验证结果表明，无论是单独添加这 4 种 EAA 还是添加最优浓度配比的 EAA 都会增加 P-mTOR（Ser2481）、P-Raptor（Ser792）、P-S6K1（Thr389）、P-RPS6（Ser235/236）和 P-eEF2（Thr56）的磷酸化。因此，本研究建立了 EAA 促进 β-casein 表达的最优配比，并阐明了这种过程与 mTOR 信号通路的关系。

研究成果已在国际学术期刊《Journal of Dairy Science》

2017 年第 100 卷 9 期上发表。

His，Lys，Met，Leu 单独添加和最优配比添加对 mTOR 下游信号蛋白的影响见图 4-2。

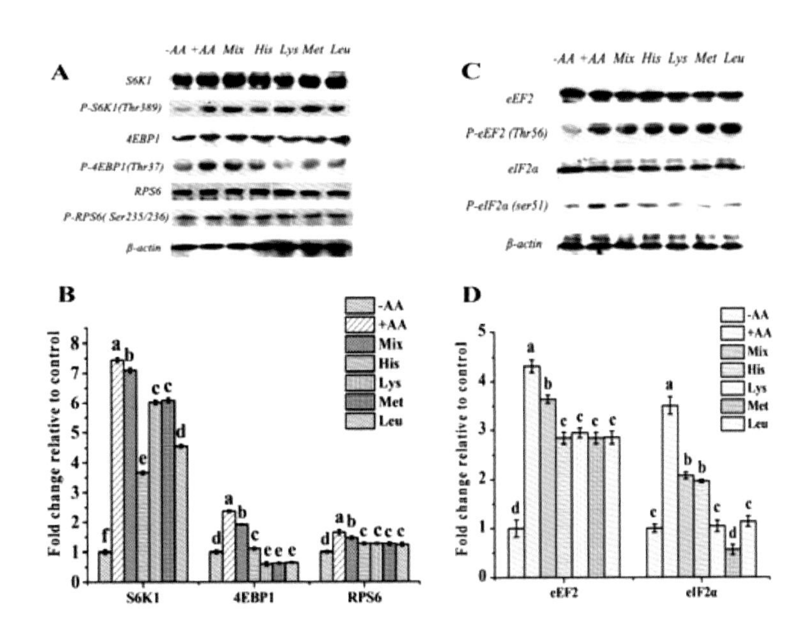

图 4-2 His, Lys, Met, Leu 单独添加和最优配比添加对 mTOR 下游信号蛋白的影响

3. 能氮平衡影响乳蛋白合成的信号机制

在奶牛乳腺中，氨基酸和葡萄糖不仅仅是合成乳蛋白的重要前体物，同时也可作为信号分子通过细胞信号通路影响乳腺细胞合成乳蛋白。

以奶牛乳腺上皮细胞为模型，研究氨基酸及葡萄糖缺失对细胞内酪蛋白基因转录、蛋白表达能力及对细胞内信号通路激活情况的影响。研究发现随着葡萄糖或者氨基酸浓度的下降，细胞内酪蛋白基因 CSN2 和 CSN3 及其蛋白质的相对表达量显著下降，与氨基酸缺失相比，葡萄糖缺失对细胞内酪蛋白基因 CSN2 和 CSN3 及其蛋白质的相对表达量影响更大。随着葡萄糖或者氨基酸浓度的下降，细胞内 Jak2 和 Stat5a 蛋白的磷酸化比率显著下降，与氨基酸浓度缺失相比，葡萄糖缺失对细胞内 Jak2、Stat5a、mTOR、4EBP1 和 S6K1 蛋白的磷酸化比率影响更大。回归分析表明，与氨基酸浓度缺失相比，葡萄糖缺失对细胞内信号蛋白的磷酸化比率影响更大，因此葡萄糖缺失对奶牛乳腺上皮细胞增殖、酪蛋白的合成及信号通路激活的抑制作用大于氨基酸。

研究成果已在国际学术期刊《Journal of Dairy Science》2018 年第 101 卷 2 期上发表。

葡萄糖和氨基酸对乳腺上皮细胞信号蛋白磷酸化的影响见图 4–3。

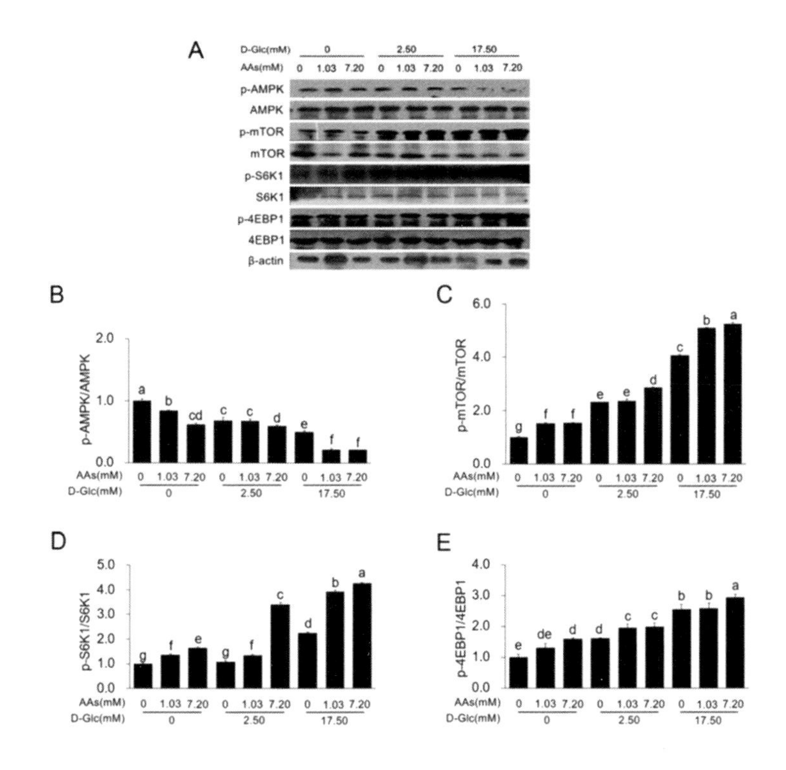

图 4-3　葡萄糖和氨基酸对乳腺上皮细胞信号蛋白磷酸化的影响

4. 奶脂肪球膜 N- 糖基化蛋白的表达模式

奶中含有丰富的营养物质，还含有大量的生物活性物质，特别是奶中糖基化蛋白，参与了诸多有益于人体或动物健康的生物学功能（包括免疫调节和抗菌活性等）。但奶中糖蛋白组成还缺少相关研究，限制了人们对奶中生物活性物质的认识和有效利用。研究绘制了物种奶脂肪球膜 N- 糖基化蛋白表达谱，为脂肪球膜蛋白生理功能的揭示提供了重要理论基础。

通过蛋白质组学方法，在荷斯坦奶牛、牦牛、水牛、山羊、马、骆驼和人的奶中，共鉴定到 399 个蛋白的 677 个 N-糖基化位点。功能分析表明，脂肪球膜 N- 糖基化蛋白在所有奶畜中最主要的生物功能是刺激应答。蛋白的相似性分析表明，荷斯坦奶牛、牦牛、水牛和山羊的蛋白组成相近，而马、骆驼和人的脂肪球 N- 糖基化蛋白组成相近。本研究结果丰富了奶脂肪球蛋白的 N- 糖基化位点，揭示了脂肪球 N-糖基化蛋白组的复杂性及潜在的生物学功能，为进一步探索乳脂球膜蛋白的生物合成奠定了科学基础。

研究成果已在国际学术期刊《Proteomics》2017 年第 17 卷 9 期上发表。

不同奶畜 N- 糖基化蛋白的通路分析见表 4-1。

表 4-1　不同奶畜 N- 糖基化蛋白的通路分析

动物	信号通路	数量	占比	P 值	差异富集
荷斯坦奶牛	溶酶体	4	5.97	0.002	14.49
	糖胺聚糖分解	2	2.98	0.045	15.13
	细胞外基质受体互作	3	4.48	0.013	40.36

（续表）

动物	信号通路	数量	占比	P 值	差异富集
娟姗牛	溶酶体	6	8.33	1.0×10^{-5}	17.38
	糖胺聚糖分解	3	4.17	0.001	48.43
	细胞外基质受体互作	3	4.17	0.022	12.11
牦牛	溶酶体	5	6.94	3.9×10^{-4}	12.78
	糖胺聚糖分解	3	4.17	0.002	42.73
	细胞外基质受体互作	3	4.17	0.028	10.68
水牛	补体途径	5	9.80	8.1×10^{-5}	19.33
	溶酶体	5	9.80	4.9×10^{-4}	12.14
骆驼	补体途径	3	10.00	0.001	44.22
马	溶酶体	5	12.20	7.8×10^{-5}	18.11
	补体途径	3	7.31	0.009	18.42
	鞘糖脂合成	2	4.88	0.030	60.54
	其他多糖分解	2	4.88	0.034	52.97

5. 发表文章

Cheng J，Huang S，Fan C，*et al*. 2017. Metabolomic analysis of alterations in lipid oxidation，carbohydrate and amino acid metabolism in dairy goats caused by exposure to Aflotoxin B1［J］. Journal of Dairy Research，84（4）：401-406.

Cheng J，Min L，Zheng N，Fan C，*et al*. 2017. Strong, sudden cooling alleviates the inflammatory responses in heat-stressed dairy cows based on iTRAQ proteomic analysis [J]. International Journal of Biometeorol.

Gao H N，Zhao S G，Zheng N，*et al*. 2017. Combination of histidine，lysine，methionine，and leucine promotes beta-casein synthesis via the mechanistic target of rapamycin signaling pathway in bovine mammary epithelial cells [J]. Journal of Dairy Science，100（9）：7 696-7 709.

Jin D，Zhao S G，Zheng N，*et al*. 2017. Differences in Ureolytic Bacterial Composition between the Rumen Digesta and Rumen Wall Based on ure C Gene Classification. [J] Frontiers in Microbiology，8: 385.

Jin D，Zhao S，Zheng N，Beckers Y，*et al*. 2017. Urea metabolism and regulation by rumen bacterial urease in ruminants a review [J]. Annals of Animal Science.

Min L，Zhao S G，Tian H，*et al*. 2017. Metabolic responses and “omics” technologies for elucidating the effects of heat stress in dairy cows [J]. International Journal of Biometeorol，61（6）：1 149–1 158.

Yang J，Zheng N，Wang J Q，*et al*. 2017. Comparative milk fatty acid analysis of different dairy species [J]. International Journal of Dairy Technology.

Yang Y，Zheng N，Zhao X，*et al*. 2017. N–glycosylation proteomic characterization and cross–species comparison of milk whey proteins from dairy animals [J]. Proteomics，17（9）.

Zhang M C，Zhao S G，Wang S S，*et al*. 2018. D–Glucose and amino acid deficiency inhibits casein synthesis through JAK2/STAT5 and AMPK/mTOR signaling pathways in mammary epithelial cells of dairy cows [J]. Journal of Dairy Science，101（2）：1 737–1 746.

Zhao S G，Li G D，Zheng N，*et al*. 2018. Steam explosion enhances digestibility and fermentation of corn stover by facilitating ruminal microbial colonization [J]. Bioresource Technology.

二、奶产品质量安全风险评估与营养功能评价

通过液质联用检测多种霉菌毒素，通过聚合酶链式反应的信号放大策略提高霉菌毒素的检测灵敏度；运用超高效液相色谱－离子淌度高分辨质谱技术解析不同奶畜奶的手性氨基酸组成比例。围绕着奶产品中关键风险因子开展持续评估，掌握我国奶产品质量安全动态变化，揭示牛奶中腐败嗜冷菌随时间和温度的变化规律；开展了牛奶重要活性功能因子乳铁蛋白的抗肿瘤作用机理研究。

1. 液质联用同步测定多种霉菌毒素技术

奶牛食用了含霉菌毒素的饲料后，霉菌毒素可能直接进入或者以代谢物的形式进入牛奶，存在安全隐患。研究采用多抗体复合免疫亲和柱同时净化生鲜乳中多种霉菌毒素，使用具有高分辨率、高质量精度的四极杆－静电场轨道阱高分辨率质谱仪，对黄曲霉毒素类（B1、B2、G1、G2、M1、M2）、赭曲霉毒素（A、B），玉米赤霉烯酮类毒素（β- 玉米赤霉醇、β- 玉米赤霉烯醇、α- 玉米赤霉醇、α- 玉米赤霉烯醇、玉米赤霉酮、玉米赤霉烯酮）共 3 大类 14 种

霉菌毒素进行了同时测定。对前处理进行优化，使用水和少量乙腈对生鲜乳进行稀释，提高了回收率。在准确定性的同时，确保了良好的灵敏度。该研究在生鲜乳霉菌毒素的检测方面具有良好的应用前景，为保障生鲜乳食品安全提供有效支撑。

研究成果已在国际学术期刊《Food Control》2018 年第 84 期发表。

不同浓度乙腈—水溶液稀释牛奶对霉菌毒素回收率影响见图 4-4。

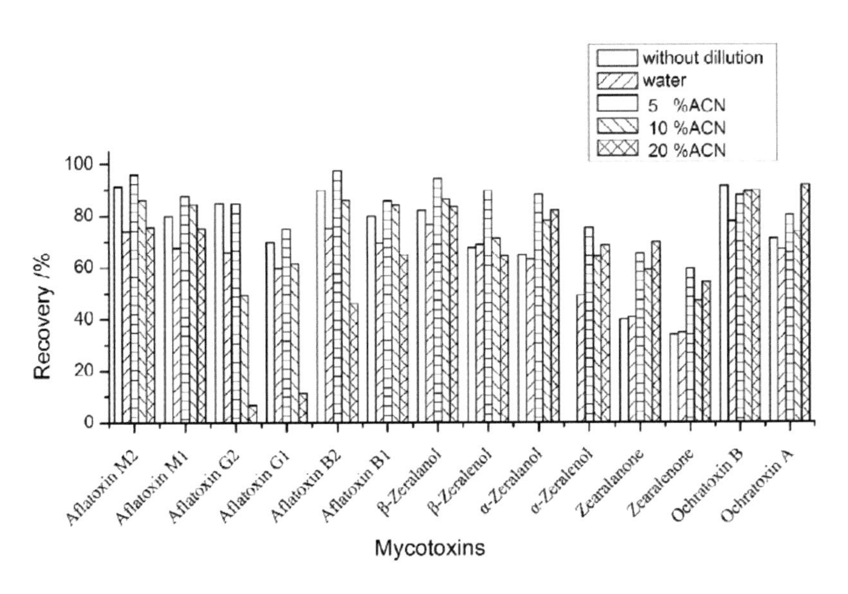

图 4-4　不同浓度乙腈—水溶液稀释牛奶对霉菌毒素回收率影响

2. 黄曲霉毒素 B1 的适配体检测技术

针对黄曲霉毒素 B1 的快速检测需求，开发了能够快速、灵敏检测黄曲霉毒素 B1 的荧光生物传感器。该传感器的原理是标记了荧光素的核酸适配体与标记了淬灭基团的互补 DNA 单链杂交，因荧光素靠近淬灭基团而被淬灭。当体系中加入 AFB1 后，核酸适配体与 AFB1 形成复合物，导致核酸适配体的结构发生改变，从而释放出互补 DNA，使得荧光素远离淬灭基团，从而恢复荧光。通过测定荧光值的变化即可定量检测 AFB1 的浓度。在最优化的实验条件下，该方法的检测线性范围为 5 ～ 100ng/mL，检出限为 1.6ng/mL。选择其他 7 种可能共存的霉菌毒素作为干扰物，对检测体系的荧光值没有明显改变，说明该方法具有良好的选择性。将该传感器应用于两种不同品牌婴幼儿配方米粉中的黄曲霉毒素 B1 的检测，获得的回收率分别为 96.3% ～ 106.8% 和 93.0% ～ 101.2%。该方法具有简单、快速的优点，在高通量检测食品中黄曲霉毒素 B1 有较好的潜在应用前景，检测的目标物也可以进一步扩大范围。

相关成果已在国际学术期刊《Food Chemistry》2017 年第 215 卷发表。

基于荧光探针的黄曲霉毒素 B1 核酸适配体传感器构建见图 4–5。

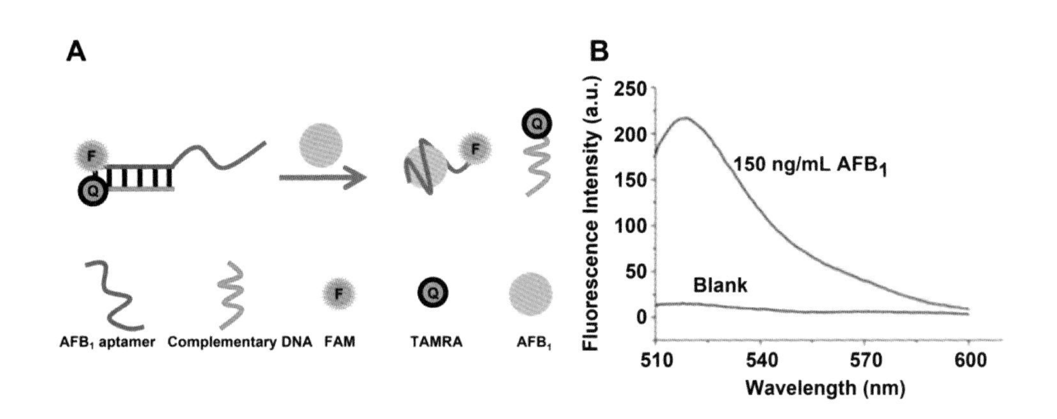

图 4–5　基于荧光探针的黄曲霉毒素 B1 核酸适配体传感器构建

3. 不同奶畜奶中手性氨基酸定量分析技术

奶中含有游离氨基酸，对维持婴幼儿的生长与健康至关重要，手性氨基酸具有重要的分子信号传导作用。然而，尚未见关于不同奶畜奶中手性氨基酸分布的研究报道。

研究首先建立了检测奶中手性氨基酸含量的超高效液相色谱—离子淌度高分辨质谱技术。离子淌度质谱能够区分化合物空间立体结构的细微差异，与液相色谱联用后可以实现在三维空间内分离化合物，有效去除背景噪音（杂质）的干扰，改善信噪比，从而增加质谱定性的准确度，并提高定量分析的灵敏度。

研究发现，某些右旋氨基酸与其左旋异构体含量的比值在不同来源奶中存在显著差异。其中，亮氨酸、天冬酰胺、谷氨酰胺、丙氨酸、缬氨酸的左旋、右旋异构体含量的比值在人、奶牛、牦牛、水牛、山羊与骆驼奶中存在显著差异。所有氨基酸左旋、右旋异构体间含量的比值经主成分分析后，显示不同来源（分组）的奶能够明显地被区分开来。表明这些左旋、右旋氨基酸在不同奶畜体内的生物学功能存在差异。本研究结果为评价不同奶源的营养品质特征提供了高灵敏度、高特异性的检测方法，为研究氨基酸的代谢提供了新思路。

研究结果已在国际学术期刊《Scientific Reports》2017 年第 7 卷发表。

不同奶畜奶中手性氨基酸分布特征见图 4-6。

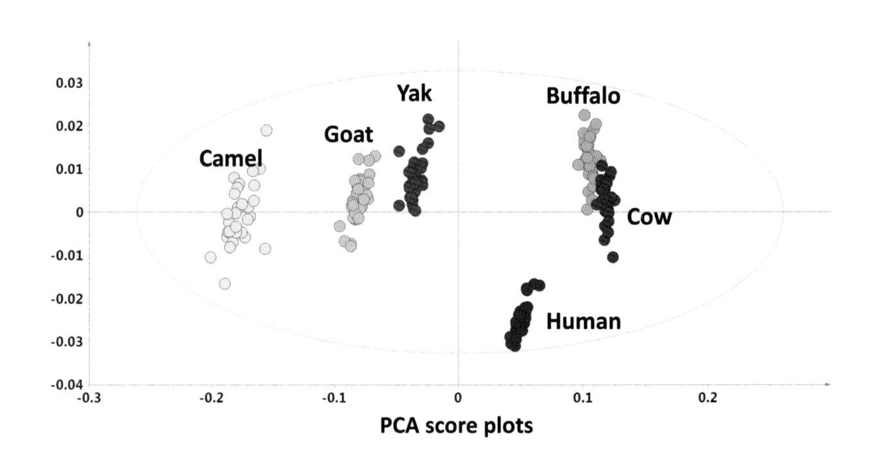

图 4-6　不同奶畜奶中手性氨基酸分布特征

4. 中国不同地区奶牛、山羊、水牛生乳、饲料及饮水中元素含量分析

奶及奶制品中含有人体必需的元素，如铁（Fe）、锌（Zn）、铜（Cu）、硒（Se）等在人体的代谢、生长和发育过程中起着重要作用。然而，受到污染的生乳中可能含有有害元素，如铅（Pb）、镉（Cd）等，会诱发神经系统发育迟缓和心血管疾病。

对我国不同地区奶及奶制品中元素含量进行分析及差异比较，发现不同地区间奶畜生乳中元素含量差异显著，不同奶畜生乳中元素含量也差异显著。相关分析结果显示，奶畜饮水与生乳中锰、铁、镍、镓、硒、锶、铯、铀含量显著相关（$P < 0.05$），奶畜饲料与生乳中钴、镍、铜、硒、铀含量显著相关（$P < 0.05$）。奶畜饮水和生乳中有害及潜在有害元素铬、砷、镉、铊、铅显著相关（$P < 0.05$），奶畜饲料和生乳中铝、铬、砷、汞、铊显著相关（$P < 0.05$）。说明奶畜饮水和饲料是奶畜生乳中有害元素的主要来源。该研究对现有特色奶畜生乳中元素含量的数据进行了补充，并找出生乳中元素与奶畜饲料和饮水间相关关系，为生乳中有害元素监测及风险评估提供了数据支持。

研究成果已在学术期刊《Biological Trace Element Research》2017 年 176 期上发表。

奶畜生乳和饮水主成分分析见图 4-7。

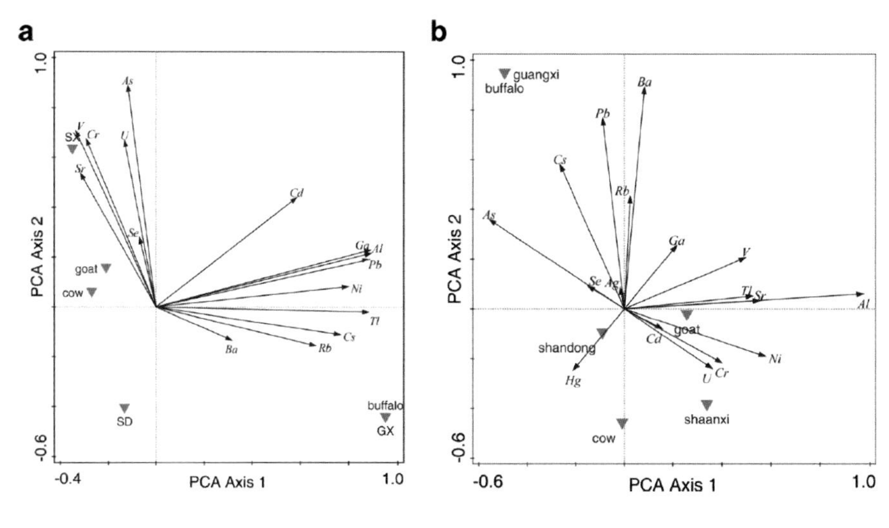

图 4-7　奶畜生乳和饮水主成分分析

5. 不同储存温度下牛奶中主要嗜冷菌的蛋白水解酶活性

嗜冷菌，尤其是假单胞杆菌属细菌，经常与牛奶腐败有关。假单胞杆菌所产生的部分蛋白水解酶可耐高温，可造成奶产品腐败。目前，关于牛奶中假单胞杆菌属蛋白水解酶的研究主要集中在 4 ～ 7℃。

团队利用 TNBS 方法对牛奶中假单胞杆菌属细菌产生的蛋白水解酶活性进行了定量研究。结果表明，在采集的 87

个样品中，共分离得到 143 株假单胞杆菌菌株。

上述菌株均可在 2 ～ 25℃下生长。在 7℃和 10℃条件下培养 5d 后，超过 70%（104/143 和 102/143）的分离株在含有 UHT 奶的琼脂上产生蛋白水解圈。大约 52%（74/143）的分离株在 4℃产生蛋白水解圈。

在 2℃时，28%（40/143）的分离株产生蛋白水解圈。而在定量试验中，7℃（31.5%，*n*=45）和 10℃（30.1%，*n*=43）时，具有蛋白水解活性的分离株比例最高。而在 4℃和 2℃，具有蛋白水解活性的分离株分别为 12.6%（*n*=18）和 4.9%（*n*=7）。

该研究结果提示，适当降低加工前储藏温度和缩短储藏时间可以减少假单胞菌属的肽酶产生，同时也应控制挤奶时的卫生。

研究成果已在国际学术期刊《Frontiers in Microbiology》2017 年第 8 期上发表。

在不同温度下培养 5 天后，假单胞杆菌菌株产生的蛋白酶活力定量见图 4–8。

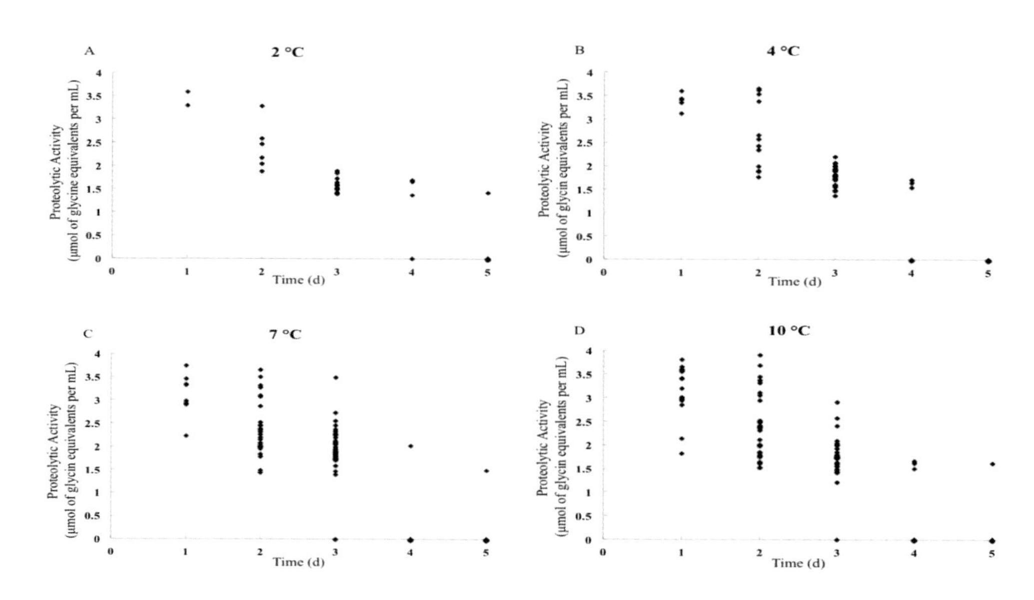

图 4-8 在不同温度下培养 5d 后，假单胞杆菌菌株产生的蛋白酶活力定量

6. 乳铁蛋白抑瘤作用及机理解析取得新进展

结肠癌是发达国家发病率最高的癌症之一。乳铁蛋白具有多种生物学功能，包括抗炎、抗氧化、抗病毒、抗菌、抗寄生虫、免疫调节等作用。关于乳铁蛋白抗癌功能以及其相关机制已经有很多报道，然而关于乳铁蛋白在肿瘤血管生成方面的作用及其机制研究较少，同时关于乳铁蛋白减轻临床化疗药物的毒副作用也鲜见报道。

因此，为弥补乳铁蛋白在这些方面的研究空白，研究从体外细胞试验和体内动物试验两方面出发，分别探讨乳铁蛋白的生物学作用。研究表明，乳铁蛋白在体内与体外试验中均能显著抑制肿瘤活性，并且乳铁蛋白可以减轻 5-Fu 化疗药物的毒副作用，协同增加抗肿瘤效果。乳铁蛋白抗肿瘤的机制可能与抑制包括 VEGFR2、VEGFA 基因与体内的血管生成相关的通路有关。该研究为开发新的抗结肠癌药物提供了良好的理论依据。

研究成果已在国际学术期刊《Journal of Agricultural and Food Chemistry》2017 年第 65 期上发表。

乳铁蛋白抑制小鼠诱导的肿瘤块形成见图 4-9。

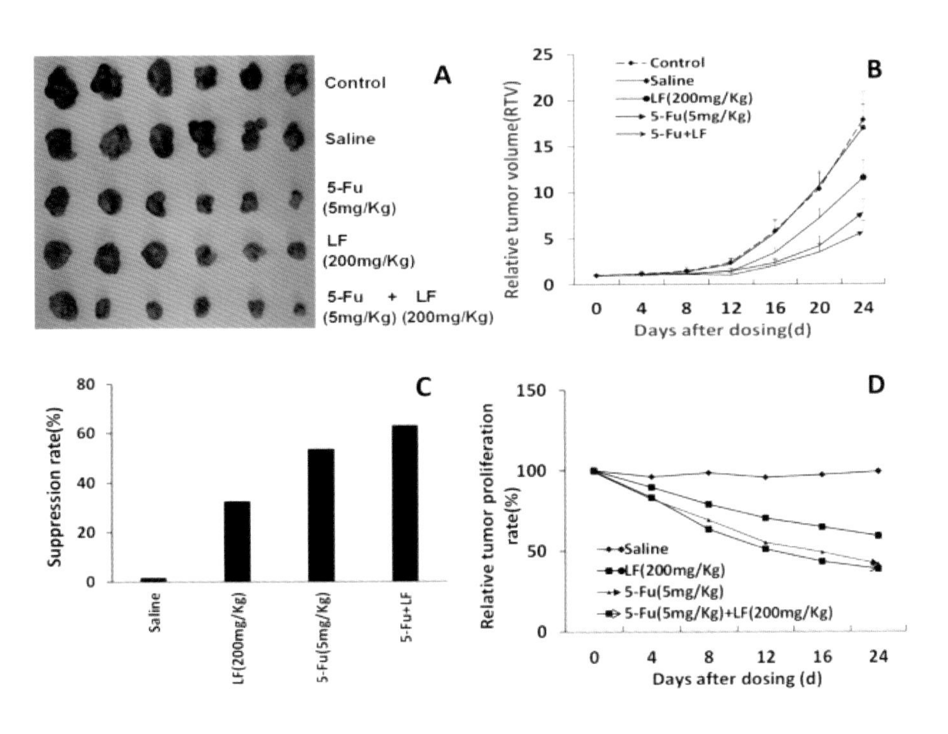

图 4-9　乳铁蛋白抑制小鼠诱导的肿瘤块形成

7. 发表文章

Chen L，Wen F，Li M，*et al*. 2017. A simple aptamer-based fluorescent assay for the detection of Aflatoxin B1 in infant rice cereal [J]. Food Chemistry，215：377-382.

Chen Z，Li H Y，W J Q，*et al*. 2018. Bivalent Aptasensor Based on Silver-Enhanced Fluorescence Polarization for Rapid Detection of Lactoferrin in Milk [J]. Analytical Chemistry. 89（11）：5 900-5 908.

GaoY N，Li SL，Wang J Q，*et al*. 2018. Modulation of Intestinal Epithelial Permeability in Differentiated Caco-2 Cells Exposed to Aflatoxin M1 and Ochratoxin A Individually or Collectively [J]. Toxins，10（13）.

Han R W，Li S L，Wang J Q，*et al*. 2017. Elimination kinetics of ceftiofur hydrochloride in milk after an 8-day extended intramammary administration in healthy and infected cows. PloS One，12（11）.

Lan X Y，Zhao S G，Zheng N，*et al*. 2017. Microbiological quality of raw cow milk and its association with herd management practices in Northern China [J]. Journal of Dairy Science，100（6）：4 294–4 299.

Li H Y，Li M，Luo C C，*et al*. 2017. Lactoferrin Exerts Antitumor Effects by Inhibiting Angiogenesis in a HT29 Human Colon Tumor Model [J]. Journal of Agricultural and Food Chemistry，65（48）：10 464–10 472.

Li S L，Min L，Wang P，*et al*. 2017. Occurrence of aflatoxin M1 in pasteurized and UHT milks in China in 2014–2015 [J]. Food Control，78：94–99.

Li S L，Min L，Wang P，Zhang Y D，*et al*. 2017. Aflatoxin M1 contamination in raw milk from major milk–producing areas of China during four seasons of 2016 [J]. Food Control，82：121–125.

Liu H M，Li S L，Meng L，*et al*. 2017. Prevalence，antimicrobial susceptibility，and molecular characterization of Staphylococcus aureus isolated from dairy herds in northern China [J]. Journal of Dairy Science，100（11）：8 796–8 803.

Mao J, Zheng N, Wen F, *et al*. 2018. Multi-mycotoxins analysis in raw milk by ultra high performance liquid chromatography coupled to quadrupole orbitrap mass spectrometry [J]. Food Control, 84 : 305-311.

Meng L, Zhang Y D, Liu H M, *et al*. 2017. Characterization of Pseudomonas spp. and Associated Proteolytic Properties in Raw Milk Stored at Low Temperatures [J]. Frontiers in Microbiology, 8 : 2 158.

Qu X Y, Su C Y, Zheng N, *et al*. 2017. A Survey of Naturally-Occurring Steroid Hormones in Raw Milk and the Associated Health Risks in Tangshan City, Hebei Province, China [J]. International Journal of Environmental Research and Public Health, 15 (1).

Qu X Y, Zheng N, Zhou X W, *et al*. 2017. Analysis and Risk Assessment of Seven Toxic Element Residues in Raw Bovine Milk in China [J]. Biological Trace Element Research.

Tian H, Zheng N, Li SL, *et al*. 2017. Characterization of chiral amino acids from different milk origins using ultra-performance liquid chromatography coupled to ion-mobility mass spectrometry [J]. Scientific Reports，7：46 289.

Zheng N，Li S L，Zhang H，*et al*. 2017. A survey of aflatoxin M1 of raw cow milk in China during the four seasons from 2013 to 2015 [J]. Food Control，78：176-182.

Zhou X W，Qu X Y，Zhao S G，*et al*. 2017. Analysis of 22 Elements in Milk，Feed，and Water of Dairy Cow，Goat，and Buffalo from Different Regions of China [J]. Biological Trace Element Research，176（1）：120-129.

第五章　生鲜乳兽药残留和耐药性风险评估

一、生鲜乳兽药残留的风险评估

奶牛饲养过程中，由于不合理使用治疗药物和饲料药物添加剂，可能导致生鲜乳中存在兽药残留现象。兽药残留对人体健康有危害作用，尤其是细菌耐药性风险不断加剧。为保证牛奶及其制品中的兽药残留安全，许多国家和组织均制定了相关的法律法规和监控体系，做到实时监控，有效防范。

2017 年，农业农村部奶产品质量安全风险评估实验室（北京）组织全国奶产品风险评估团队对我国五个省（自治区、直辖市）生鲜乳中 8 大类 55 种兽药残留状况（表 5-1）进行了风险评估。共计抽取 500 批次生鲜乳样品，取样对象为牧场奶罐中经搅拌均匀的生鲜乳，取样方法严格执行《农业部生鲜奶质量安全监测工作规范》和《生鲜奶抽样方法》。

表 5-1　生鲜乳中 8 大类 55 种兽药残留的风险评估目录

抗生素类别	抗生素种数	抗生素名称
β- 内酰胺类	15	阿莫西林、氨苄西林、头孢乙腈、头孢氨苄、头孢洛宁、头孢唑林、头孢哌酮、头孢喹肟、头孢噻呋及其代谢物、头孢呋辛、头孢匹林、氯唑西林、双氯青霉素、苯唑西林、青霉素 G

（续表）

抗生素类别	抗生素种数	抗生素名称
磺胺类	15	乙酰磺胺、磺胺氯哒嗪、磺胺嘧啶、磺胺二甲氧嗪、磺胺多辛、磺胺乙氧嗪、磺胺甲嘧啶、磺胺二甲嘧啶、磺胺甲二唑、磺胺甲噁唑、磺胺甲氧嗪、磺胺吡啶、磺胺喹噁啉、磺胺噻唑、磺胺甲基异噁唑
喹诺酮类	11	环丙沙星、达氟沙星、恩诺沙星、氟甲喹、洛美沙星、麻保沙星、萘啶酮酸钠盐、氧氟沙星、诺氟沙星、培氟沙星、奥比沙星
四环素类	4	金霉素、多西环素、土霉素、四环素
酰胺醇类	3	氯霉素、氟苯尼考、甲砜霉素
大环内酯类	4	红霉素、螺旋霉素、替米考星、泰乐菌素
林可胺类	2	林可霉素、吡利霉素
氨基糖苷类	1	庆大霉素

风险评估验证结果显示，我国生鲜乳兽药残留处于较低水平。这说明，经过坚持不懈的科学监管，我国奶牛养殖过程中对兽药残留控制较为严格，生鲜乳中兽药残留现象得到了明显遏制，取得了较好效果。

农业农村部奶产品质量安全风险评估实验室（北京）将继续组织对我国生鲜乳及奶制品中兽药残留状况进行跟踪评

估，以期全面掌握科学数据，为进一步提升我国国产奶制品质量安全提供科学依据。

二、生鲜乳中主要病原微生物的耐药性风险评估

1. 微生物耐药性危害风险

微生物耐药问题已经成为全球关注的焦点，严重威胁食品安全和人类健康。在《全球抗生素耐药性回顾》（O'NEILL，2016）报告中，预测到 2050 年全球生产总值因受到耐药性问题的影响将缩减 2% ～ 3.5%，如果无法遏止猖狂的耐药性超级细菌在全球扩散，到 2050 年每年因其死亡人数可能增加至 1 000 万，并因此付出最高 100 万亿美元的成本。微生物耐药问题已不仅仅出现在医学领域，抗生素在畜禽养殖业的不合理使用，使得养殖场成为了耐药菌的风险点之一，有可能成为耐药菌及耐药基因的重要贮存库（图 5-1）。据报道，人体病原菌 60% 以上来源于动物，而人类感染耐药菌约 20% 来源于动物性食品（Mole，2013）。因此动物源耐药菌的传播，不仅严重影响动物疾病的有效防治，而且危及动物源食品安全和公众健康。动物源细菌耐药性已

成为国际关注的焦点和研究热点，耐药病原菌有可能成为继兽药残留之后动物源食品贸易的又一个技术壁垒。

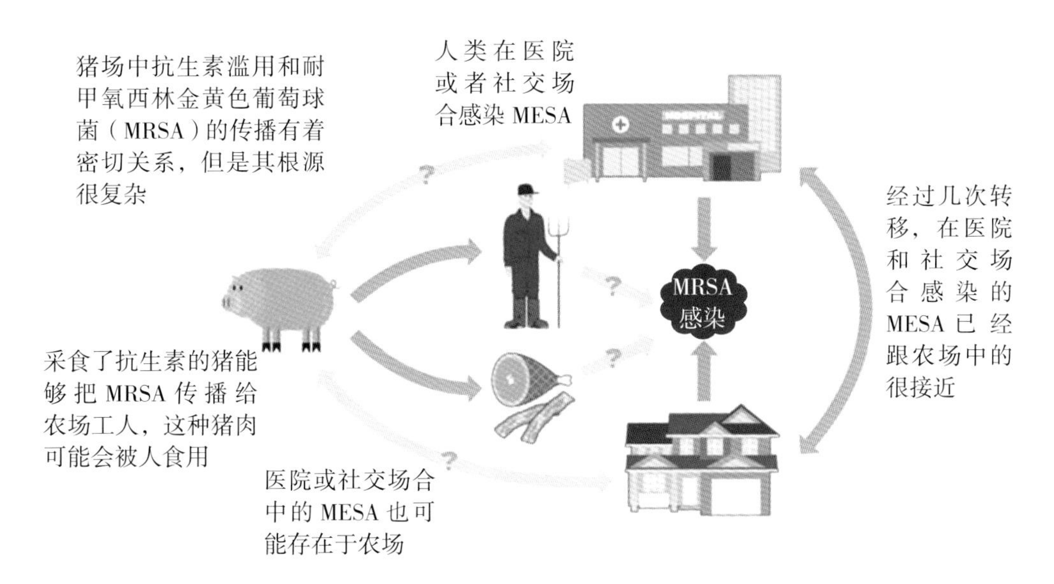

图 5-1　动物源耐药菌 / 耐药基因传播途径（Mole B，2013）

2. 国内外细菌耐药性监测系统

早在20世纪90年代，许多国家就意识到细菌耐药性问题的严重性，纷纷成立了国家耐药监测系统（表5-2）。随着全球范围内动物源耐药性监测系统的进一步健全，各国间的耐药性信息沟通与技术交流不断增强，监控措施也不断完善，各国都制定了许多行之有效的措施以减少甚至避免耐药菌的传播和扩散。

表 5-2　世界各国耐药性监测项目目录

国　家	细菌耐药性检测项目
美国	国家耐药性监测系统 NARMS
加拿大	抗菌药耐药性整合监测计划 CIPARS
欧盟	欧洲耐药性监测系统 EARS-Net 欧洲兽用抗菌药消耗监测 ESVAC
丹麦	抗菌药物耐药性监测国家系统 DANMAP
日本	兽用抗菌药监测系统 JVARM
韩国	国家耐药性监测 KONSAR 卫生部全国细菌耐药性监测网 MOHNARIN
中国	中国细菌耐药性监测协作网 CHINET 动物源细菌耐药性监测 全国遏制动物源细菌耐药行动计划（2017—2020 年）

目前，我国农业农村部正在深入实施《全国遏制动物源细菌耐药行动计划（2017—2020 年）》，着力推进“退出行动”“监管行动”“监测行动”“监控行动”“示范行动”及“宣教行动”6 项行动，以进一步加强动物源细菌耐药性监测工作。在农业农村部制定的《2018 年动物源细菌耐药性监测计划》中，生鲜乳被列为采样对象，以深入开展细菌耐药性的风险评估。

3. 生鲜乳中主要病原微生物的耐药性现状

生鲜乳中病原微生物的存在可能会影响畜禽及人体健康（Haug 等，2007）。金黄色葡萄球菌和大肠杆菌作为生鲜乳中最为常见的病原微生物种类，其耐药菌株的出现在各国频见报道（表 5–3 和表 5–4）。此外，分离自生乳中的其他病原微生物也逐渐表现出一定耐药性（表 5–5）。

表 5–3　国内外生鲜乳中金黄色葡萄球菌耐药性比较

国家或地区	抗生素种类	多重耐药性比例（%）	参考文献
中国内蒙古自治区	氨苄西林、头孢拉定、青霉素、复方新诺明、新霉素、链霉素	84.21	（苏洋等，2012）
中国陕西	复方新诺明、红霉素、四环素、氨苄西林、氯霉素、利福平	32.6	（Xing 等，2016）
马来西亚	青霉素、氨苄西林、甲氧苄啶、头孢西丁、利奈唑胺、克林霉素、红霉素、四环素	28.3	（Shamila–Syuhada 等，2016）
阿尔卑斯山西北部	红霉素、克拉霉素、克林霉素、复方新诺明	—	（Traversa 等，2015）

（续表）

国家或地区	抗生素种类	多重耐药性比例（%）	参考文献
伊朗	四环素、青霉素、苯唑西林、林可霉素、克林霉素、红霉素、链霉素、头孢西丁、卡那霉素、氯霉素、庆大霉素	15.4	（Jamali 等，2015）
美国威斯康辛	氨苄西林和青霉素 G、红霉素	51.4	（Ruegg 等，2015）
意大利北方	四环素、卡那霉素、红霉素、青霉素	—	（Cortimiglia 等，2014）
美国明尼苏达	克林霉素、复方新诺明、达托霉素、奎奴普丁达福普汀、头孢西丁、四环素、米诺环素、苯唑西林、万可霉素、利福平	10.1	（Haran 等，2012 ）

表 5–4　国内外生鲜乳中大肠杆菌耐药性比较

国家或地区	抗生素种类	耐药性比例（%）	参考文献
中国天津	青霉素、链霉素、红霉素、阿莫西林、氨苄西林、阿米卡星	40 ～ 100	（张颖，2014）
中国黑龙江	多西环素、复方新诺明、四环素、头孢噻吩、链霉素、环丙沙星、恩诺沙星、氯霉素	13.5 ～ 75.7	（梁宏儒，2013）
中国上海	卡那霉素、链霉素、复方新诺明、林可霉素、大观霉素	70 ～ 100	（南海，2011）

（续表）

国家或地区	抗生素种类	耐药性比例（%）	参考文献
埃及	卡那霉素、大观霉素、氨苄西林、链霉素、四环素	80.6 ～ 96.8	（Ahmed 等，2015）
波兰	庆大霉素、磺胺甲基异恶唑、氨苄西林、链霉素、头孢呋肟、多西霉素	11.6 ～ 26.5	（Bok 等，2015）
土耳其	氨苄西林、青霉素、四环素、红霉素、庆大霉素、磺胺甲基异恶唑	44.2 ～ 90.5	（Gundogan 等，2014）
查谟	阿米卡星、氨苄青霉素、氨苄西林、头孢克肟、卡那霉素	60 ～ 68	（Sheikh 等，2013）
伊朗	青霉素、四环素、林可霉素、链霉素、氨苄西林、磺胺甲基异恶唑	40.42 ～ 100	（Momtaz 等，2012）
希腊	四环素、庆大霉素、头孢呋辛	75.9 ～ 93.1	（Solomakos 等，2009）

表 5-5　分离自生鲜乳的其他病原微生物耐药性

致病菌种类	抗生素种类	参考文献
表皮葡萄球菌（*Staphylococcus epidermidis*）	链霉素、青霉素、大观霉素及诺氟沙星	（南海，2011）
无乳链球菌（*Streptococcus agalactiae*）	链霉素、卡那霉素、复合磺胺、红霉素、丁胺卡那霉素、氨苄西林	（南海，2011）

（续表）

致病菌种类	抗生素种类	参考文献
停乳链球菌（*Streptococcus dysgalactiae*）	链霉素、大观霉素及强力霉素	（南海，2011）
绿藻属（*Prototheca* spp.）	氨苄西林、氨曲南、头孢吡肟、头孢他啶、氯霉素、环丙沙星、磷霉素、莫匹罗星、硝基呋喃、苯唑西林、青霉素	（Morandi 等，2016）
蜡样芽孢杆菌（*Bacillus cereus*）	氨苄西林、青霉素、磺胺甲基异恶唑、四环素、头孢吡肟	（Gundogan 等，2014；Merzougui 等，2014）
单核增生李斯特菌（*Listeria monocytogenes*）	氯唑西林、苯唑西林、氟甲喹、新霉素、头孢噻肟、先锋霉素、克林霉素、林可霉素、氯霉素	（Kevenko 等，2016；Osman 等，2016）
沙门氏菌属（*Salmonea* spp.）	林可霉素、红霉素、氨苄西林、阿莫西林	（Eva 等，2015；Tamba 等，2016）
耶尔森菌属（*Yersinia* spp.）	四环素、环丙沙星、先锋霉素、氨苄西林、链霉素、阿莫西林、萘啶酸	（Jamali 等，2015）

4. 生鲜乳中主要病原微生物的耐药性风险评估

（1）生鲜乳中金黄色葡萄球菌的耐药性风险评估

金黄色葡萄球菌是奶牛乳房炎的主要致病菌，也是生鲜乳中重要的机会致病菌。金黄色葡萄球菌感染可能严重影响牛奶产量及质量。实际生产中针对奶牛乳房炎的治疗通常选择抗生素，而抗生素的非科学使用可能会导致大量耐药菌株的不断出现，这些耐药菌的出现可能会对生态环境及人类健康造成较大的影响。金黄色葡萄球菌可能分泌一些耐热或耐蛋白酶的毒素，以帮助细菌在奶牛乳房组织中定殖。因此，奶业创新团队在 2017 年针对我国北方 4 个省（自治区、直辖市）生鲜乳中金黄色葡萄球菌对于 18 种抗生素的耐药性及毒力基因进行了风险评估。取样对象为牧场奶罐中经搅拌均匀的生鲜乳。取样方法严格执行《农业部生鲜奶质量安全监测工作规范》和《生鲜奶抽样方法》。抽样后及时冷链运输至检测单位。检测方法严格按照 GB 4789.10—2012 及 CLSI M100S 26th Edtion 执行。

团队从我国北方 4 个省（自治区、直辖市）采集到的 195 个生鲜乳样品中，共分离得到 54 株金黄色葡萄球菌。供试菌株均表现出了较强的耐药性，其中青霉素 G（85.2%），氨苄西林（79.6%），红霉素（46.3%）（表 5-6）。耐药基因型与耐药表现型之间存在一定相关性，63% 的青霉素抗性菌株携带 *blaZ* 基因，60% 红霉素抗性菌株检测到 *erm*（A）、*erm*（B）、*erm*（C）、*msr*（A）、*msr*（B）的 8 种不同基因组合。

对庆大霉素、卡那霉素及苯唑西林表现抗性的所有菌株分别携带 *aac6′-aph2″*，*ant*（4′）-Ia 和 *mec*A 基因。两株 *tet*（M）阳性菌株同时携带 Tn916-Tn1545 转座子。59.2% 菌株携带超过一种毒性基因，其中以肠毒素基因 *sec*、*sea* 和杀白细胞素基因 *pvl* 的检出率为最高。

表 5-6　我国北方 4 省区生鲜乳中金黄色葡萄球菌耐药性表现

抗生素种类	抗生素	阳性菌株数（阳性菌株数占总菌株数比例 %）
β- 内酰胺类	青霉素 G	46（85.2）
	氨苄西林	43（79.6）
	头孢西丁	23（42.6）
	苯唑西林	16（29.6）
	阿莫西林 - 克拉维酸	0（0）
大环内酯类	红霉素	25（46.3）
	阿奇霉素	19（35.2）
林可霉素	克林霉素	19（35.2）
喹诺酮类	环丙沙星	16（29.6）
磺胺类	复方新诺明	11（20.4）
四环素类	土霉素	8（14.8）
	四环素	7（13.0）
氨基糖苷类	卡那霉素	8（14.8）
	庆大霉素	6（11.1）
	链霉素	5（9.3）
	妥布霉素	3（5.6）

（续表）

抗生素种类	抗生素	阳性菌株数（阳性菌株数占总菌株数比例 %）
链阳菌素类	奎奴普丁－达福普汀	2（3.7）
氯霉素类	氯霉素	4（7.4）
1 耐		4（7.4）
2 耐		6（11.1）
多耐		33（61.1）

（2）生鲜乳中大肠杆菌的耐药性风险评估

大肠杆菌是奶牛肠道中普遍存在的主要微生物，也是生鲜乳中重要的条件致病菌。大肠杆菌可能会在奶牛分娩期和泌乳早期侵染奶牛乳腺组织，致病性大肠杆菌可能会威胁人类及动物的健康。实际生产中大量抗生素的非科学使用已经导致大量大肠杆菌耐药菌株的不断出现，这些耐药菌的出现可能会对生态环境及人类健康造成较大的影响。因此，奶业创新团队在 2017 年针对我国北方 4 个省（自治区、直辖市）生鲜乳中大肠杆菌对于 12 种抗生素的耐药性及毒力基因进行了风险评估。取样对象为牧场奶罐中经搅拌均匀的生鲜乳。取样方法严格执行《农业部生鲜奶质量安全监测工作规范》和《生鲜奶抽样方法》。抽样后及时冷链运输至检测单位。检测方法严格按照 GB 4789.38—2012 及美国临床和实验室标准协会（CLSI M100S 26th Edtion）执行。

团队从我国北方 4 个省（自治区、直辖市）采集到的 195 个生鲜乳样品中，共分离得到 67 株大肠杆菌。其中 9%、6.0%、4.5% 和 1.5% 的菌株被定义为潜在的产志贺毒素大肠杆菌（STEC）、产肠毒素大肠杆菌（ETEC）、致病性大肠杆菌（EPEC）和肠侵袭性大肠杆菌（EIEC）。供试菌株均表现出了一定的耐药性，其中氨苄西林（46.3%）、阿莫西林 – 克拉维酸（16.4%）、四环素（13.4%）、复方新诺明（13.4%）和头孢西丁（11.9%）。所有供试菌株均对庆大霉素敏感（表 5–7）。14 株菌（34.3%）检出携带主要的 β– 内酰胺类抗性基因，其中 bla_{TEM}, bla_{CMY}，bla_{SHV} 和 bla_{CTX-M} 基因的检出率分别为 20.9%、10.4%、1.5% 和 1.5%。

表 5–7 我国北方 4 省区生鲜乳中大肠杆菌耐药性表现

抗生素	阳性菌株数（阳性菌株数占总菌株数比例 %）				
	呼和浩特（n=23）	济南（n=11）	哈尔滨（n=16）	北京（n=17）	合计（n=67）
氨苄西林	11（47.8）	5（45.5）	7（43.8）	8（47.1）	31（46.3）
阿莫西林—克拉维酸	4（17.4）	3（27.3）	2（12.5）	2（11.8）	11（16.4）
四环素	3（13.0）	2（18.2）	2（12.5）	2（11.8）	9（13.4）

（续表）

抗生素	阳性菌株数（阳性菌株数占总菌株数比例 %）				
	呼和浩特（n=23）	济南（n=11）	哈尔滨（n=16）	北京（n=17）	合计（n=67）
复方新诺明	3（13.0）	2（18.2）	2（12.5）	2（11.8）	9（13.4）
头孢西丁	1（4.3）	5（45.5）	1（6.3）	1（5.9）	8（11.9）
氯霉素	2（8.7）	0（0）	2（12.5）	1（5.9）	5（7.5）
卡那霉素	2（8.7）	1（9.1）	1（6.3）	1（5.9）	5（7.5）
链霉素	0（0）	0（0）	2（12.5）	2（11.8）	4（6.0）
妥布霉素	0（0）	0（0）	2（12.5）	1（5.9）	3（4.5）
阿奇霉素	1（4.3）	1（9.1）	1（6.3）	0（0）	3（4.5）
环丙沙星	0（0）	1（9.1）	0（0）	0（0）	1（1.5）
庆大霉素	0（0）	0（0）	0（0）	0（0）	0（0）

5. 总　结

团队研究结果表明，我国北方 4 个省（自治区、直辖市）生鲜乳中的金黄色葡萄球菌及大肠杆菌均表现出一定的耐药性。造成我国生鲜乳中主要病原微生物产生耐药性的原因主要包括以下两方面：首先是抗生素的不科学使用。以 2013 年为例，中国抗生素使用总量约为 16.2 万吨，大约是英国的

160 倍。其中，人用抗生素占到总量的 48%，其余 52% 为兽用抗生素。抗生素的不科学使用可能是导致耐药菌出现的主要原因。其次是环境抗生素压力下的耐药基因转移。据我国首份抗生素使用量和排放量数据显示，我国河流总体抗生素浓度较高，最高可达 7 560ng/L，均值为 303ng/L（Zhang 等，2015）。如此高的环境抗生素选择压力下的耐药基因传递转移是造成耐药菌的另一个重要因素。因此，政府应持续加大对生鲜乳中主要病原微生物类型的耐药性监测力度，加大对抗生素使用和排放的监管，这对于科学掌握其耐药性状况，分析研判其变化趋势，评估其传播途径及公共安全风险具有十分重要的意义。

6. 展　望

我国对生鲜乳中微生物耐药性的研究不断加强，但与许多发达国家相比仍存在一定差距，今后还需要从以下几方面开展深入研究：第一，从检测技术来看，仍多集中在传统的药敏测试方法上，而已知耐药基因的携带情况与实际耐药性表现的不完全匹配也导致了无法通过现有方法真正实现耐药性预测，新的检测技术开发会成为今后的研究热点；第二，从研究对象看，目前多为生鲜乳中主要微生物类型的耐药性表现和耐药基因携带情况研究，其耐药基因的传递转移规律及其与产毒能力之间的关系尚不完全明确，仍需进一步研究；第三，从安全角度看，针对生鲜乳中可能存在的微生物耐药性现象，建立既符合国际通行准则又符合我国实际国情的风险评估技术，也应该成为今后的研究重点。

第六章 奶及奶制品中嗜冷菌假单胞杆菌风险评估

低温保藏及冷链技术能够限制奶中微生物的繁殖与代谢，但是在低温储藏环境中，微生物群落结构仍会发生变化，其中嗜冷菌所占比例增大，可能降低生鲜乳的质量。因此，生鲜乳中嗜冷菌的污染一直是乳品行业关注的问题。

一、奶及奶制品中的假单胞杆菌

假单胞杆菌属已被确定为生鲜乳中主要的嗜冷菌，使其成为乳品行业中被重点关注的细菌群之一（Wiedmann 等，2000；Marchand 等，2009）。奶及奶制品中比较常见的假单胞杆菌有：荧光假单胞杆菌（*P.* fluorescens）、莓实假单胞杆菌（*P.* fragi）、恶臭假单胞杆菌（*P.* putida）和隆德假单胞杆菌（*P.* lundensis）等（Mallet 等，2012）。其在各国或地区奶及奶制品中检出率详见表 6-1。假单胞杆菌属细菌是专性需氧菌革兰氏阴性无芽孢杆菌，可以在 4 ～ 42℃的温度范围内生长，最佳生长温度高于 20℃。它们存在于不同的环境中，会导致食物尤其是生鲜乳的腐败（Chakravarty and Gregory，2015；Caldera 等，2016）。有研究发现，奶中假单胞杆菌的生长常伴随着耐热胞外酶（例如蛋白酶和脂肪酶）的产生。尽管假单胞杆菌属可以被巴氏杀菌和 UHT 灭菌的温度消除，

表 6-1　不同国家（地区）奶中假单胞杆菌检出率的比较

国家（地区）	菌种分离数						参考文献
	铜绿假单胞杆菌	荧光假单胞杆菌	莓实假单胞杆菌	盖氏假单胞菌（*Pseudomonas gessardii*）	恶臭假单胞杆菌	嗜冷假单胞菌（*Pseudomonas psychrophila*）	
牛奶							
意大利	15（22.2%）	19（30.2%）	3（4.8%）	—	7（11.1%）	—	Decimo 等（2014）
欧洲	—	—	6（18.8%）	9（28.1%）	1（3.1%）	—	Caldera 等（2016）
德国	2（5.3%）	2（5.3%）	1（2.6%）	1（2.6%）	—	—	Baur 等（2015a）
德国	2（0.8%）	4（1.5%）	25（9.4%）	8（3%）	—	—	von Neubeck 等（2015）
澳大利亚	—	4（14.8%）	4（14.8%）	3（11.1%）	—	2（7.4%）	Vithanage 等（2014）
中国	—	61（42.6%）	37（25.9%）	5（3.5%）	2（1.4%）	13（9.1%）	Meng 等（2017）
美国	1（1.8%）	41（73.2%）	—	—	14（25.0%）	—	（Dogan and Boor，2003）

（续表）

国家（地区）	菌种分离数						参考文献
	铜绿假单胞杆菌	荧光假单胞杆菌	莓实假单胞杆菌	盖氏假单胞菌（*Pseudomonas gessardii*）	恶臭假单胞杆菌	嗜冷假单胞菌（*Pseudomonas psychrophila*）	
其他奶畜奶							
巴西（羊奶）	—	41（50.0%）	—	—	—	—	Scatamburlo 等（2015）
中国（羊奶）	—	10（32.3%）	5（16.1%）	—	7（22.6%）	—	Meng 等（2018）
中国（水牛奶）	—	2（25.0%）	1（12.5%）	—	—	—	Meng 等（2018）
沙特阿拉伯（骆驼奶）	8（26.7%）	17（56.7%）	—	—	3（10.0%）	—	Zahran and Al-Saleh（1997）
中国（骆驼奶）	—	3（33.3%）	1（11.1%）	—	3（33.3%）	1（11.1%）	Meng 等（2018）
中国（牦牛奶）	—	6（31.6%）	3（15.8%）	—	1（5.3%）	—	Meng 等（2018）

但它们所释放出的耐热酶可能会使奶及奶制品发生凝结反应并降低其质量（Dufour 等，2008；Marchand 等，2008）。

二、假单胞杆菌的危害

假单胞杆菌污染是缩短奶产品保质期的最主要因素之一。作为冷藏生鲜乳中生长的优势菌群，假单胞杆菌属细菌会在低温储存时大量繁殖，并在细菌密度较高的对数期后期或稳定期前期产生耐热蛋白水解酶和脂肪水解酶（DeGO 等，2015）。这些水解酶能破坏奶中的主要成分，如蛋白质、脂肪和卵磷脂等。

假单胞杆菌胞外蛋白酶耐热的机制在于经过高温处理后，处于伸展无活性状态的蛋白酶分子重新折叠成有活性的天然构象。因此当假单胞杆菌在生鲜乳中产生该类酶后，其能够耐受巴氏杀菌（72℃ /15 s）和超高温（UHT）[（120 ～ 150）℃ /（0.5 ～ 8.0）s] 灭菌工艺处理，在随后的低温储存过程中逐渐复性，并在奶制品储藏过程中继续分解其中的蛋白质，导致产品出现苦味、结块、分层等现象，从而降低奶产品品质（Baur 等，2015b；Stoeckel 等，2016；

Machado 等，2017；Marchand 等，2017）。图 6-1 阐释了在适宜温度的储存期间，由于耐热蛋白酶对酪蛋白微团进行水解而导致的奶制品不稳定的假设机制。

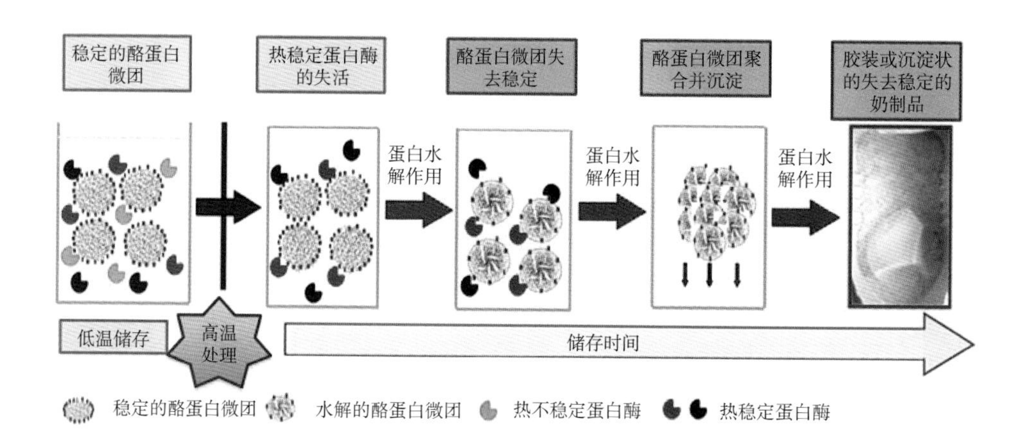

图 6-1　在适宜温度下储存期间由于耐热蛋白酶对酪蛋白微团进行蛋白水解而导致的奶制品不稳定的假设机制（Machado 等，2017）

奶中的脂肪酶中有一部分是由假单胞杆菌分泌的。假单胞杆菌分泌的脂肪酶常常是热稳定的，并会水解乳脂肪释放出游离脂肪酸，这些脂肪酸会造成奶制品的腐臭，散发异味、碱味和苦味（Decimo 等，2017）。但相比之下，奶中脂肪酶对脂类的降解没有蛋白酶对蛋白质的降解影响大。

三、假单胞杆菌在奶及奶制品全产业链中的关键控制点

生鲜乳中假单胞杆菌的污染主要受农场环境的影响。在农场中，假单胞杆菌主要分布在土壤、水、空气、尘埃、饲料和粪便中，尤其在奶罐、橡胶、接头和类似的奶残留区内极易存活和繁殖（Capodifoglio 等，2016）。被污染的生鲜乳如未能及时冷却、冷却强度不足或储存时间过长，假单胞杆菌就会大量繁殖，其产生的耐热水解酶一定程度可以耐受巴氏杀菌和 UHT 灭菌的处理，并在随后的储存期内导致奶及奶制品品质的下降。

四、储存温度对假单胞杆菌蛋白水解酶活性的影响

1. 储存温度对牛奶中假单胞杆菌蛋白水解酶活性的影响

各国对于生鲜乳储存温度的要求不尽相同，比如美国要求开始挤奶后的 4h 内，生鲜乳应冷却到 10℃以下，并且在挤奶结束后 2h 内冷却到 7℃以下（FDA，2013）；中国

则要求生鲜乳在挤奶后 2h 内应降温至 0 ～ 4℃（中华人民共和国卫生部，2010）。基于各国要求的差异，奶业创新团队在 2016 年针对牛奶中的假单胞杆菌在不同的储存温度下（2℃、4℃、7℃和 10℃）的蛋白水解活性进行了分析（Meng 等，2017），以求寻找最佳的储存温度和时间。团队从中国陕西采集的 87 个生鲜乳样品，分离得到 143 株假单胞杆菌菌株，分别为 14 种不同的假单胞杆菌。这 143 株菌株均可以在 2 ～ 25℃下生长。在培养 5d 后，超过 70%的分离株在 7℃和 10℃的温度下，在含有 UHT 奶的琼脂上产生蛋白水解圈；大约 52%的分离株在 4℃时产生蛋白水解圈；在 2℃时，28% 的分离株产生蛋白水解圈。并且在低温储存条件下，随着时间的增长，越来越多的分离株可以产生蛋白水解圈。另外，所有分离株的总蛋白水解活性亦被定量（图 6–2）。从图 6–2 中可以看出，同样在 7℃和 10℃时，较多的分离株具有蛋白水解活性，而在 4℃和 2℃时，具有蛋白水解活性的分离株数量显著减少。

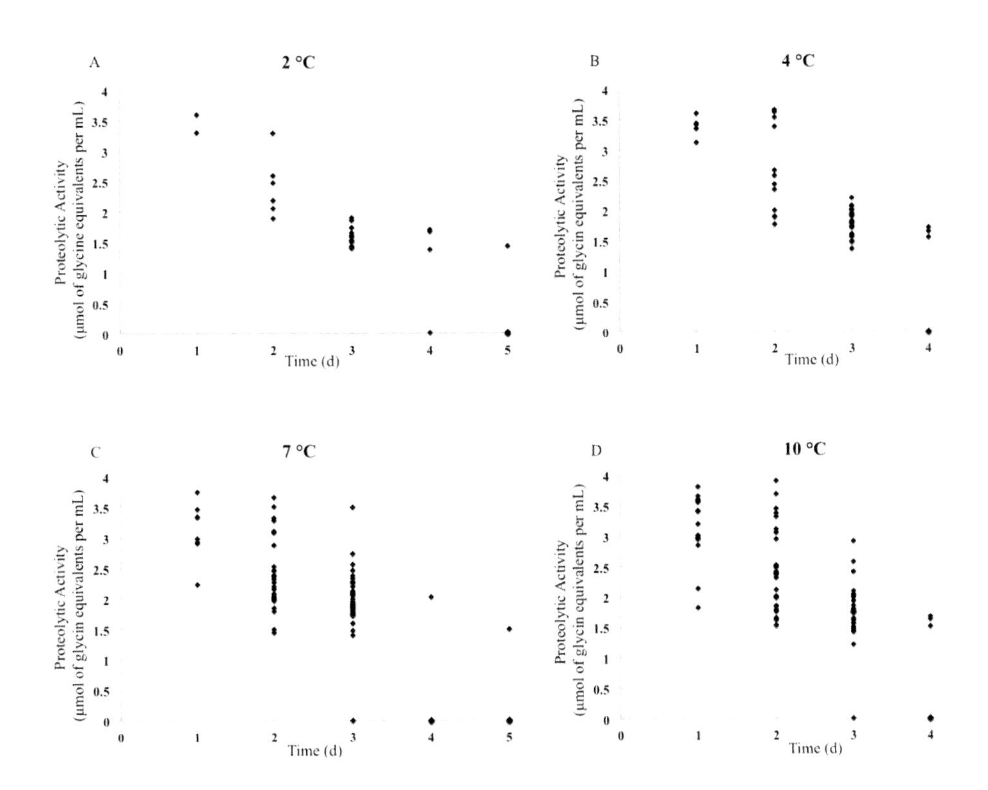

A：2℃；B：4℃；C：7℃；D：10℃。X 轴表示假单胞杆菌产生蛋白水解圈的天数，Y 轴表示蛋白水解活性的定量（μmol 等量甘氨酸 / 毫升）

图 6-2　生鲜乳样品中分离得到的假单胞杆菌在不同温度下储存 5d 后的蛋白水解活性定量

2. 储存温度对特色奶中假单胞杆菌蛋白水解酶活性的影响

虽然商业奶产品主要来源于牛奶，但是其他反刍动物（如山羊、水牛、骆驼和牦牛）的奶产品在文化和经济上也占据着十分重要的地位。根据规定，其他奶畜的生鲜乳储存温度应在 7℃以下（中国乳制品工业协会，2012；广西壮族自治区卫生和计划生育委员会，2014；Scatamburlo 等，2015）。因此，奶业创新团队在 2017 年针对中国 5 个省份的山羊、水牛、骆驼和牦牛奶中假单胞杆菌在不同的储存温度下（2℃、4℃、7℃、10℃和 25℃）的蛋白水解活性进行了分析（Meng 等，2018）。

团队共采集了 125 个样品，其中 46 个样品被鉴定含有假单胞杆菌，分离得到 67 株假单胞杆菌菌株（羊奶 31 株，水牛奶 8 株，骆驼奶 9 株，牦牛奶 19 株）。

这 67 株菌株均可以在 4 ～ 25℃下生长，但是有 2 株菌株在 2℃下生长被抑制。培养 7d 后，发现大约 60%的分离株在 10℃和 25℃的条件下，在含有 UHT 奶的琼脂上产生蛋白水解圈；大约 30%的分离株在 4℃和 7℃产生蛋白水解圈；在 2℃时，7 个分离株产生蛋白水解圈。并且在低温储存时，随着时间的增长，越来越多的分离株可以产生蛋白水解圈。另外，所有分离株的总蛋白水解活性亦被定量（图 6-3）。在 25℃和 10℃时，较多分离株具有蛋白水解活性。而在 7℃、4℃和 2℃，具有蛋白水解活性的分离株数量显著减少。同时，从不同奶中分离株检测到不同水平的蛋白水解活性，这可归因于菌株的不同。并且，来自牦牛奶中的分离株具有较高的活性，这一现象在山羊奶和骆驼奶分离株中也被观察到。

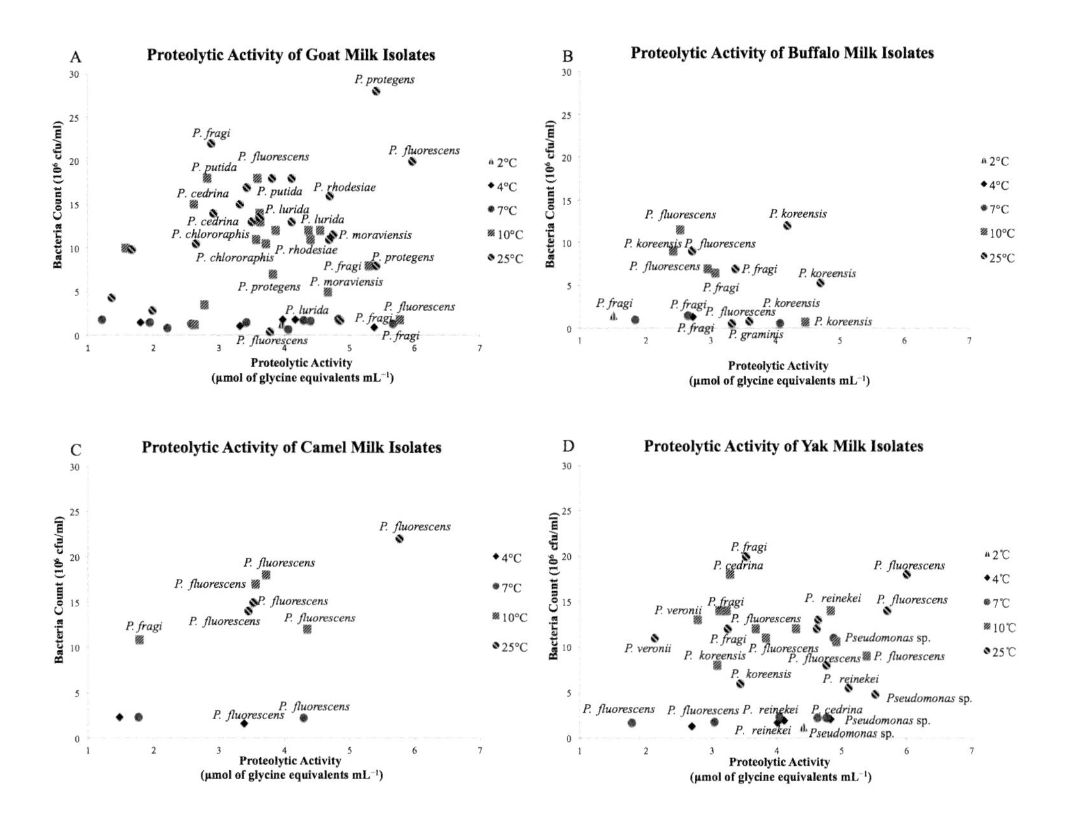

A：生羊奶；B：生水牛奶；C：生骆驼奶；D：生牦牛奶。X 轴表示蛋白水解活性的定量（μmol 等量甘氨酸 / 毫升），Y 轴表示细菌数量（106cfu / mL）

图 6-3　不同奶畜的生乳分离得到的假单胞杆菌在 2℃、4℃、7℃和 10℃下储存 5d 后的蛋白水解活性定量

五、总　结

假单胞杆菌污染是现代奶及奶制品生产加工过程中最常见的问题，其在低温储存时能产生耐热的酶类如蛋白酶、脂肪酶等，这些酶能耐受巴氏杀菌甚至 UHT 热处理，导致奶及奶制品的风味、品质降低，缩短保质期。本团队的研究还发现，不同奶畜的生乳中带有大量的假单胞杆菌属的细菌，当生乳储存温度从 10℃降低到 2℃时，假单胞杆菌所分泌的蛋白酶水解活性降低。该研究结果强调了在产业中假单胞杆菌属作为腐败菌株被关注的重要性。因此，政府应严格把控不同奶畜奶的储存温度（4℃以下），企业应在加工前适当缩短储存时间（48h 内），控制生乳中假单胞杆菌的数量及其蛋白酶和脂肪酶的分泌。这对于提高奶及奶制品品质，都具有十分重要的意义。

第七章　生乳、巴氏杀菌乳、灭菌乳和复原乳 4 项国家标准进展

- 立项背景
- 立项启动
- 标准修订工作原则
- 开展的工作
- 讨论要点
- 标准修订工作大事记

中国农业科学院北京畜牧兽医研究所农业农村部奶及奶制品质量监督检验测试中心（北京）、农业农村部奶产品质量安全风险评估实验室（北京）和奶业创新团队等单位 2016 年承担了生乳、巴氏杀菌乳、灭菌乳和复原乳这 4 个国家食品安全标准的制修订任务。在 10 余年科研积累的基础上，立项至今开展了征集参加单位、收集数据、指标验证、夏季极值测定和部分检测方法制定等一系列研究工作，共分析了 110 余万条数据，召开 20 余次座谈会或研讨会。

一、立项背景

为什么要进一步完善奶业标准？

一是强壮民族健康中国的需要。牛奶是大自然赐予人类最接近完美的食物，一杯牛奶强壮一个民族已经为世界所公认，强壮中华民族、建设健康中国也不能没有牛奶。美国人均奶类消费量约 290kg/ 年，美国公共卫生署评价认为“没有任何单一食物能够胜过牛奶成为保持美国人健康的营养素来源，尤其是对儿童和老人。”

目前，我国年人均奶类消费量 30 余 kg，不足世界平均水平的 1/3，奶业发展关系到每个家庭，对小康社会和健康中国的贡献潜力巨大，科学的标准则是奶业发展的领航者。

生乳、巴氏杀菌乳、灭菌乳的国家标准 2010 年发布，当时的情况是优质奶源不足，全社会对进口原料和成品更加青睐。时隔近 8 年，我国奶业已经发生脱胎换骨的变化，奶牛养殖规模化、集约化和现代化水平明显提升，近些年的数据显示，生鲜乳安全方面是历史最好水平，质量方面逐年在提升，奶业发生了翻天覆地的变化，我们拥有了不输于国外的优质奶源，拥有世界一流的加工设备，人民群众对优质奶业的需求更加强烈。原标准已无法满足新的发展形势，反而成了我国生鲜乳生产落后和质量水平低下的“代名词”，对消费者的消费理念产生极大的负面影响。此时，进一步完善奶业标准，既是对消费者负责担当的态度，也对健康中国具有重要而深远的意义。

二是国内市场全球化的需要。目前国内奶产品新增市场的 80% 为进口奶占有。农业农村部奶产品质量安全风险评估实验室（北京）的评估研究发现，从 2008 年到 2016 年，我国进口液态奶年均增长速度超过 70%，而且这些进口产品质量千差万别，有的用巴氏杀菌乳包装，但是实际不是巴氏杀菌乳，有的用 UHT 灭菌乳包装，但实际不是 UHT 灭菌乳。

标准除了作为我国奶业发展风向标外，还是国际交往的技术语言和国际贸易的技术依据，现如今，我国奶业质量安全水平同奶业发达国家差距越来越小，但现行标准方面，与国际标准存在差异，本次标准的修订需与国际接轨。以《生乳》为例，澳大利亚、德国、加拿大、美国等奶业发达国家均对生鲜乳中体细胞有所要求，而我国标准未对体细胞做规定。德国对生鲜乳实施分级标准，指标仅对菌落总数、体细胞、抗生素和掺水有所限制。

我国具有全球潜力最大的奶产品消费市场，面对进口产品良莠不齐的情况，如何既能保护消费者，又能推动全球化？奶业标准应该发挥关键作用。用相同的标准来规范中国这个全球潜力最大的奶产品消费市场，已经是当务之急。这就要求标准要与国际接轨，要科学严谨、翔实客观，要起到用规矩定方圆的作用。标准不能空洞，不能仅仅是个摆设，如果标准是标准，产业是产业，那么就是两张皮导致脱节。因此，标准制定的最终目的是：让国产奶与进口奶在相同的标准下有序发展，共同为我国的消费者提供营养健康的优质乳。

三是明确奶业发展方向的需要。生乳的安全性决定了后续所有加工产品品质。《生乳》国标是奶业发展的方向与根基，既关系广大奶农利益，又关系奶制品安全和群众健康。发达国家针对原料奶或奶业质量安全大都有专门立法，除了对养殖设施、养殖过程、牛奶收集贮运等提出详细的技术要求外，同时还包括原料奶质量安全标准以及日常管理、监督检查的原则性要求。对原料奶的贮存温度、总细菌数、体细胞数、兽药和禁用物质、冰点等更是制定了严格的标准。脂肪、蛋白质、总固体物质、非脂固体物质等乳成分指标，则作为牛奶按质论价体系中重要组成部分。因此，本次制修订全面参考国际乳业发达地区对生鲜乳的质量要求，参照联合国食品法典委员会的乳与乳制品标准、新西兰的原料乳标准、欧盟的 92/46/EEC 标准、美国的《The Grade "A" Pasteurized Milk Ordinance（2013 Revision）》等有关规定及其相关标准和其他先进标准，确保标准修订过程的先进性和前瞻性，更好引导奶业健康发展。

美国于 1924 年颁布优质乳条例"PMO"，至今共 94 年，修订 39 版，实现了优质乳比例达 98% 以上，由牛奶引起的食源性疾病从 1938 年的 25% 下降到目前的小于 1%。

四是奶业上中下游协调发展的需要。为什么要把生乳、巴氏杀菌乳、灭菌乳、复原乳鉴定这 4 个国家食品安全标准放在一起制修订？因为奶业是一个上、中、下游紧密相连、缺一不可的产业链。这就要求上、中、下游的标准之间有机衔接、相互融合，才能够引领奶业健康发展。所以说，把生乳、巴氏杀菌乳、灭菌乳、复原乳判定这 4 个国家食品安全标准一起制修订，无论从管理上、科研上、还是协调组织上，都是历史性进步。例如，什么等级的生乳用于加工巴氏杀菌乳，什么等级的生乳用于加工 UHT 灭菌乳？养殖业提供的优质奶源是不是在产品包装上得到标注，是不是在奶价上得到回馈？所以，奶业标准的重要作用之一，就是把养殖、加工、消费这上中下游联系在一起，利益分配合理，实现共同发展。

五是提升消费信心的需要。近五年我国奶类产量和消费量一直徘徊不前，究其原因，依然是消费信心不足。不提升消费信心，市场就难以开拓，养殖业生存艰难，加工业发展缓慢，奶业就难以振兴，就不能够为健康中国发挥应有的作用。提振消费信心，关键是国产奶业要对“优质奶产自本土奶”这一科学理念树立信心，把标准制定好、执行好，要敢于把产品的原料等级、产品的加工工艺、产品的品质高低都标识出来，让消费者明明白白消费。要敢于挑战自我，敢于引领世界，明确告诉消费者，中国的标准是科学的、是领先的，在中国市场上消费者能够享受到世界先进水平的优质乳。

二、立项启动

2016 年，国家卫生计生委办公厅关于印发 2016 年度食品安全国家标准项目计划（第一批）的通知（国卫办食品函〔2016〕956 号）中，《食品安全国家标准巴氏杀菌乳和 UHT 灭菌乳中复原乳检验方法》（项目编号 Spaq-2016-06）被批准公布立项；国家卫生计生委办公厅关于印发 2016 年度食品安全国家标准项目计划（第二批）的通知（国卫办食品函〔2016〕1358 号）中，《食品安全国家标准生乳》（项目编号 spaq-2016-107）、《食品安全国家标准巴氏杀菌乳》（项目编号 spaq-2016-108）和《食品安全国家标准灭菌乳》（项目编号 spaq-2016-109）3 项国家标准被批准公布立项，由团队的奶及奶制品质量监督检验测试中心（北京）和农业农村部奶产品质量安全风险评估实验室（北京）作为第一完成单位制（修）订。

这 4 项国家标准受到卫计委和农业农村部高度重视，充分体现部门间的合作与担当，是习近平总书记核心凝聚力在食品安全方面的充分体现。基于此，2017 年 3 月 26 日，团队邀请国家卫计委食品安全标准与监测评估司、农业农村部农产品质量安全监管局、农业农村部畜牧业司、国家风险评估中心、中国奶业协会、中国乳品工业协会、原制标单位黑龙江卫生监督所以及中国农业科学院科技管理局的领导和专家，共同商讨并见证 4 项国家标准制修订工作启动，并于 4 月 12 日，在新华网向社会公布《生乳》等 4 项奶业国家标准制修订工作全面启动。

三、标准修订工作原则

对于标准制修订工作，团队制定了严格的工作原则。**一是**以保护消费者为宗旨，提振消费信心。通过这些国家标准的发布与实施，逐步引导养殖业、加工业和产品的进步，让消费者明明白白消费，提振国产奶消费信心，是一件十分重大而有意义的工作。切实起到监督生产、指导企业、指导消费等作用。**二是**符合我国奶业国情，引导奶业健康发展。要根据我国的经济、社会、管理和文化做出调整，要符合我国国情。**三是**保持前瞻性和科学性，充分借鉴国外经验。标准的制（修）订还需要大量的科学数据与实验验证，科学数据必须分析到位，既要对奶农负责、又要对加工企业负责。

四是秉承开放、透明、公平、公正的原则，广泛听取各方意见。标准在研制过程中，广泛地征求意见，充分讨论验证，将社会提出的各种意见过筛后统筹考虑，加强与社会的宣传沟通，让社会各方参与。公开征集社会各界意见，打开门办标准，不仅维护消费者、企业、质检部门等各方的权益，体现了标准制修订的公开透明化，权衡利弊，为标准的早日发布打下良好的基础。

四、开展的工作

团队在第一时间成立了标准制（修）订工作小组，形成修订工作方案和时间表，确保标准修订工作科学有序。征集标准制（修）订工作参加单位，成立标准起草工作组，开展指标验证、夏季极值测定、检测方法研制、比对验证等研究工作，查阅并翻译国内外奶业相关法律、法规和标准，征集企业日常收奶数据、奶牛生产性能测定（DHI）、产业技术体系数据，整理全国生鲜乳质量安全监测项目和国家奶产品质量安全风险评估项目数据，共分析 110 余万条数据，开展检测方法比对验证及检测结果质控工作，召开 20 余次座谈会或研讨会。

1. 征集参加单位

2017 年 3 月 25 日，团队向社会发布征集国家标准制修订参与单位的通知，要求：一是自愿参与，服从安排，不计名利，无私奉献。安排专人全程参加与该标准相关的各类座谈会、讨论会、协调会及调研活动，积极配合样品采集和检测；二是能够共享本单位的行业统计数据与国内外相关标准文献等；三是提供标准修订工作的经费，主要用于标准修订、试验验证、样品采集、检测、调研和技术交流等。截至目前，共收到来自 68 家单位的参与申请，其中，质检机构 46 家，乳制品企业 21 家（19 家国内乳企，2 家国外乳企）以及其他企业 1 家。

2. 国内外法律、法规和标准阅译

（1）国内法律、法规和标准收集情况

共收集 4 项标准相关的所有产品及现行有效的检测方法标准。产品标准包括 11 项国家标准，14 项行业标准，12 项地方标准，8 项团队标准；检测方法标准包括 14 项理化指标，5 项污染物指标，1 项真菌毒素指标，10 项微生物指标检测方法，5 项违禁添加物检测方法，2 项农药残留检测方法，57 项兽药残留指标检测方法，9 项引用标准。

生乳、巴氏杀菌乳、灭菌乳和复原乳 4 项标准国内标准查阅情况见表 7–1。

表 7–1　生乳、巴氏杀菌乳、灭菌乳和复原乳 4 项标准国内标准查阅情况

内　容	标准类型	标准名称	标准状态
《生乳》	国家标准	《食品安全国家标准生乳》（GB 19301—2010）	现行有效
		《鲜乳卫生标准》（GB 19301—2003）	已废止
		《生鲜牛乳收购标准》（GB 6914—1986）	已废止
		《新鲜生牛乳卫生标准》（GBn 33—1977）	已废止
	行业标准	《生乳贮运技术规范》（NY/T 2362—2013）	现行有效
		《无公害食品生鲜牛乳》（NY 5045—2008）	已废止
		《无公害食品生鲜牛乳》（NY 5045—2001）	已废止
	地方标准	《食品安全地方标准生水牛奶》（DBS 45/011—2014）	现行有效
		宁夏回族自治区地方标准《生鲜牛乳质量分级》（DB 64/T1263—2016）	现行有效
		北京市地方标准《有机生鲜乳生产技术规范》（DB 11/T 631—2009）	现行有效

（续表）

内　容	标准类型	标准名称	标准状态
《生乳》	地方标准	《食品安全地方标准生驼乳》（DBS 65/010—2017）	现行有效
		《食品安全地方标准生马乳》（DBS 65/015—2017）	现行有效
		《食品安全地方标准生驴乳》（DBS 65/017—2017）	现行有效
	团体标准	黑龙江省食品安全团体标准《生乳》（T/HLJNX 0001—2016）	现行有效
		中国奶业协会团体标准《学生饮用奶生牛乳》（T/DAC 003—2017）	现行有效
		《生鲜牛初乳》（RHB 601—2005）	现行有效
		《生水牛乳》（RHB 701—2012）	现行有效
		《生牦牛乳》（RHB 801—2010）	现行有效
		《生驼乳》（RHB 900—2017）	现行有效

（续表）

内　容	标准类型	标准名称	标准状态
《巴氏杀菌乳》	国家标准	《食品安全国家标准巴氏杀菌乳》（GB 19645—2010）	现行有效
		《巴氏杀菌乳、灭菌乳卫生标准》（GB 19645—2005）	已废止
		《巴氏杀菌乳》（GB 5408.1—1999）	已废止
		《消毒牛乳》（GB 5408—1985）	已废止
《巴氏杀菌乳》	国家标准	《消毒牛乳卫生标准》（GBn 32—77）	已废止
	行业标准	《无公害食品液态奶》（NY 5140—2005）	已废止
		《无公害食品巴氏杀菌乳》（NY 5140—2002）	已废止
		《绿色食品乳制品》（NY/T 657—2012）	已废止
		《绿色食品乳制品》（NY/T 657—2007）	已废止
		《绿色食品乳制品》（NY/T 657—2002）	已废止
		《绿色食品消毒牛乳》（NY/T 279—1995）	已废止
	地方标准	《天津市地方标准无公害食品巴氏杀菌乳、灭菌乳》（DB 12/149—2003）	已废止
		《食品安全地方标准巴氏杀菌水牛乳》（DBS 45/012—2014）	现行有效

（续表）

内 容	标准类型	标准名称	标准状态
《巴氏杀菌乳》	地方标准	《食品安全地方标准巴氏杀菌驼乳》（DBS 65/011—2017）	现行有效
		《食品安全地方标准巴氏杀菌驴乳》（DBS 65/018—2017）	现行有效
	团体标准	《巴氏杀菌水牛乳、灭菌水牛乳和调制水牛乳》（RHB 702—2012）	现行有效
		《巴氏杀菌牦牛乳、灭菌牦牛乳和调制牦牛乳》（RHB 802—2012）	现行有效
《灭菌乳》	国家标准	《食品安全国家标准灭菌乳》（GB 25190—2010）	现行有效
《灭菌乳》	国家标准	《巴氏杀菌乳、灭菌乳卫生标准》（GB 19645—2005）	已废止
	行业标准	《灭菌乳》（GB 5408.2—1999）	已废止
		《无公害食品液态奶》（NY 5140—2005）	已废止
		《无公害食品灭菌乳》（NY 5141—2002）	已废止
		《绿色食品乳制品》（NY/T 657—2012）	已废止
		《绿色食品乳制品》（NY/T 657—2007）	已废止
		《绿色食品乳制品》（NY/T 657—2002）	现行有效

（续表）

内　容	标准类型	标准名称	标准状态
《灭菌乳》	地方标准	《天津市地方标准无公害食品巴氏杀菌乳、灭菌乳》（DB 12/149—2003）	已废止
		《食品安全地方标准灭菌水牛乳》（DBS 45/037—2017）	现行有效
		《食品安全地方标准灭菌驼乳》（DBS 65/012—2017）	现行有效
	团体标准	《巴氏杀菌水牛乳、灭菌水牛乳和调制水牛乳》（RHB 702—2012）	现行有效
		《巴氏杀菌牦牛乳、灭菌牦牛乳和调制牦牛乳》（RHB 802—2012）	现行有效
《复原乳》	行业标准	《巴氏杀菌乳和 UHT 灭菌乳中复原乳的鉴定》（NY/T 939—2016）	现行有效
		《巴氏杀菌乳和 UHT 灭菌乳中复原乳的鉴定》（NY/T 939—2005）	已废止

生乳、巴氏杀菌乳、灭菌乳和复原乳 4 项标准检测方法查阅情况见表 7-2。

表 7–2　生乳、巴氏杀菌乳、灭菌乳和复原乳 4 项标准检测方法查阅情况

类　型	标准名称	标准状态
理化指标	《食品卫生检验方法理化部分总则》（GB/T 5009.1—2003）	现行有效
	《食品安全国家标准食品相对密度的测定》（GB 5009.2—2016）	现行有效
	《食品安全国家标准食品中水分的测定》（GB 5009.3—2016）	现行有效
	《食品安全国家标准食品中灰分的测定》（GB 5009.4—2016）	现行有效
	《食品安全国家标准食品中蛋白质的测定》（GB 5009.5—2016）	现行有效
	《食品安全国家标准食品中脂肪的测定》（GB 5009.6—2016）	现行有效
	《食品安全国家标准食品酸度的测定》（GB 5009.239—2016）	现行有效
	《食品安全国家标准乳和乳制品杂质度的测定》（GB 5413.30—2016）	现行有效
	《食品安全国家标准婴幼儿食品和乳品中乳糖、蔗糖的测定》（GB 5413.5—2010）	现行有效
	《食品安全国家标准生乳冰点的测定》（GB 5413.38—2016）	现行有效
	《食品安全国家标准乳和乳制品中非脂乳固体的测定》（GB 5413.39—2010）	现行有效

（续表）

类　型	标准名称	标准状态
理化指标	《生鲜牛乳中体细胞测定方法》（NY/T 800—2004）	现行有效
理化指标	《乳及乳制品中共轭亚油酸（CLA）含量的测定》（NY/T 1671—2008）	现行有效
	《巴氏杀菌乳和 UHT 灭菌乳中复原乳的鉴定》（NY/T 939—2016）	现行有效
污染物指标	《食品安全国家标准食品中总砷及无机砷的测定》（GB 5009.11—2014）	现行有效
	《食品安全国家标准食品中铅的测定》（GB 5009.12—2017）	现行有效
	《食品安全国家标准食品中总汞及有机汞的测定》（GB 5009.17—2014）	现行有效
	《食品安全国家标准食品中亚硝酸盐与硝酸盐的测定》（GB 5009.33—2016）	现行有效
	《食品安全国家标准食品中铬的测定》（GB 5009.123—2014）	现行有效
真菌毒素指标	《食品安全国家标准食品中黄曲霉毒素 M 族的测定》（GB 5009.24—2016）	现行有效
微生物指标	《食品安全国家标准食品微生物学检验总则》（GB 4789.1—2016）	现行有效
	《食品微生物学检验培养基和试剂的质量要求》（GB4789.28—2013）	现行有效

（续表）

类　型	标准名称	标准状态
微生物指标	《食品安全国家标准食品微生物学检验菌落总数测定》（GB 4789.2—2016）	现行有效
	《食品安全国家标准食品微生物学检验大肠菌群计数》（GB 4789.3—2016）	现行有效
微生物指标	《食品安全国家标准食品微生物学检验沙门氏菌检验》（GB 4789.4—2016）	现行有效
	《食品安全国家标准食品微生物学检验金黄色葡萄球菌检验》（GB 4789.10—2016）	现行有效
	《食品安全国家标准食品微生物学检验霉菌和酵母计数》（GB 4789.15—2016）	现行有效
	《食品安全国家标准食品微生物学检验乳与乳制品检验》（GB 4789.18—2010）	现行有效
	《食品安全国家标准食品微生物学检验商业无菌检验》（GB 4789.26—2013）	现行有效
	《食品安全国家标准食品微生物学检验乳酸菌检验》（GB 4789.35—2016）	现行有效
违禁添加物指标	《生乳中 L—羟脯氨酸的测定》（MRT/B 6—2016）	现行有效
	《生乳中碱类物质的测定》（MRT/B 7—2016）	现行有效
	《生乳中硫氰酸根的测定离子色谱法》（MRT/B 8—2016）	现行有效

（续表）

类　型	标准名称	标准状态
违禁添加物指标	《生乳中舒巴坦敏感β—内酰胺酶类物质的测定杯碟法》（MRT/B 9—2016）	现行有效
	《原料乳与乳制品中三聚氰胺检测方法》（GB/T 22388—2008）	现行有效
农药残留指标标准	《食品中有机氯农药多组分残留的测定》（GB/T 5009.19—2008）	现行有效
	《动物性食品中有机氯农药和拟除虫菊酯农药多组分残留量的测定》（GB/T 5009.162—2008）	现行有效
兽药残留指标相关标准	《食品安全国家标准食品中阿维菌素残留量的测定液相色谱—质谱 / 质谱法》（GB 23200.20—2016）	现行有效
	《食品安全国家标准动物源性食品中五氯酚残留量的测定液相色谱—质谱法》（GB 23200.92—2016）	现行有效
	《食品安全国家标准牛奶中氯霉素残留量的测定液相色谱—串联质谱法》（GB 29688—2013）	现行有效
	《食品安全国家标准牛奶中甲砜霉素残留量的测定高效液相色谱法》（GB 29689—2013）	现行有效
	《食品安全国家标准牛奶中喹诺酮类药物多残留的测定高效液相色谱法》（GB 29692—2013）	现行有效
	《食品安全国家标准牛奶中阿维菌素类药物多残留的测定高效液相色谱法》（GB 29696—2013）	现行有效

（续表）

类　型	标准名称	标准状态
兽药残留指标相关标准	《食品安全国家标准动物性食品中地西泮和安眠酮多残留的测定气相色谱—质谱法》（GB 29697—2013）	现行有效
	《食品安全国家标准牛奶中氯羟吡啶残留量的测定气相色谱—质谱法》（GB 29700—2013）	现行有效
	《食品安全国家标准动物性食品中呋喃苯烯酸钠残留量的测定液相色谱—串联质谱法》（GB 29703—2013）	现行有效
	《食品安全国家标准动物性食品中氨苯砜残留量的测定液相色谱—串联质谱法》（GB 29706—2013）	现行有效
	《动物源性食品中 14 种喹诺酮药物残留检测方法液相色谱—质谱 / 质谱法》（GBT 21312—2007）	现行有效
	《动物源性食品中 β– 受体激动剂残留检测方法液相色谱—质谱—质谱法》（GBT 21313—2007）	现行有效
	《动物源性食品中头孢匹林、头孢噻呋残留量检测方法液相色谱—质谱—质谱法》（GBT 21314—2007）	现行有效
	《动物源性食品中磺胺类药物残留量的测定液相色谱—质谱 / 质谱法》（GBT 21316—2007）	现行有效

（续表）

类　型	标准名称	标准状态
兽药残留指标相关标准	《动物源性食品中四环素类兽药残留量检测方法液相色谱—质谱—质谱法与高效液相色谱法》（GBT 21317—2007）	现行有效
	《动物组织中氨基糖苷类药物残留量的测定高效液相色谱—质谱—质谱法》（GBT 21323—2007）	现行有效
	《动物源食品中激素多残留检测方法液相色谱—质谱—质谱法》（GBT 21981—2008）	现行有效
	《动物源食品中玉米赤霉醇、β- 玉米赤霉醇、α-玉米赤霉烯醇、β- 玉米赤霉烯醇、玉米赤霉酮和玉米赤霉烯酮残留量检测方法液相色谱—质谱—质谱法》（GBT 21982—2008）	现行有效
	《牛奶和奶粉中 12 种 β—兴奋剂残留量的测定液相色谱—串联质谱法》（GBT 22965—2008）	现行有效
	《牛奶和奶粉中 16 种磺胺类药物残留量的测定液相色谱—串联质谱法》（GBT 22966—2008）	现行有效
	《牛奶和奶粉中伊维菌素、阿维菌素、多拉菌素和乙酰氨基阿维菌素残留量的测定液相色谱—串联质谱法》（GBT 22968—2008）	现行有效
	《奶粉的牛奶中链霉素、双氢链霉素和卡那霉素残留量的测定液相色谱—串联质谱法》（GBT 22969—2008）	现行有效

（续表）

类　型	标准名称	标准状态
兽药残留指标相关标准	《牛奶和奶粉中噻苯达唑、阿苯达唑、芬苯达唑、奥芬达唑、苯硫氨酯残留量的测定液相色谱—串联质谱法》（GBT 22972—2008）	现行有效
	《牛奶和奶粉中氮氨菲残留量的测定液相色谱—串联质谱法》（GBT 22974—2008）	现行有效
	《牛奶和奶粉中阿莫西林、氨苄西林、哌拉西林、青霉素 G、青霉素 V、苯唑西林、氯唑西林、萘夫西林和双氯西林残留量的测定液相色谱—串联质谱法》（GBT 22975—2008）	现行有效
	《牛奶和奶粉中 α- 群勃龙、β- 群勃龙、19- 乙烯去甲睾酮和 epi-19- 乙烯去甲睾酮残留量的测定液相色谱—串联质谱法》（GBT 22976—2008）	现行有效
	《牛奶和奶粉中地塞米松残留量的测定液相色谱—串联质谱法》（GBT 22978—2008）	现行有效
	《牛奶和奶粉中杆菌肽残留量的测定液相色谱—串联质谱法》（GBT 22981—2008）	现行有效
	《牛奶和奶粉中甲硝唑、洛硝哒唑、二甲硝唑及其代谢物残留量的测定液相色谱—串联质谱法》（GBT 22982—2008）	现行有效

（续表）

类　型	标准名称	标准状态
兽药残留指标相关标准	《牛奶和奶粉中恩诺沙星、达氟沙星、环丙沙星、沙拉沙星、奥比沙星、二氟沙星和麻保沙星残留量的测定液相色谱—串联质谱法》（GBT 22985—2008）	现行有效
	《牛奶和奶粉中呋喃它酮、呋喃西林、呋喃妥因和呋喃唑酮代谢物残留量的测定液相色谱—串联质谱法》（GBT 22987—2008）	现行有效
	《牛奶和奶粉中螺旋霉素、吡利霉素、竹桃霉素、替米卡星、红霉素、泰乐菌素残留量的测定液相色谱—串联质谱法》（GBT 22988—2008）	现行有效
	《牛奶和奶粉中头孢匹林、头孢氨苄、头孢洛宁、头孢喹肟残留量的测定液相色谱—串联质谱法》（GBT 22989—2008）	现行有效
	《牛奶和奶粉中土霉素、四环素、金霉素、强力霉素残留量的测定液相色谱—紫外检测法》（GBT 22990—2008）	现行有效
	《牛奶和奶粉中玉米赤霉醇、薏米赤霉酮、乙烯雌酚、乙烷雌酚、双烯雌酚残留量的测定液相色谱—串联质谱法》（GBT 22992—2008）	现行有效
	《牛奶和奶粉中八种镇定剂残留量的测定液相色谱—串联质谱法》（GBT 22993—2008）	现行有效

（续表）

类　型	标准名称	标准状态
兽药残留指标相关标准	《牛奶和奶粉中 511 种农药及相关化学品残留量的测定气相色谱—质谱法》（GBT 23210—2008）	现行有效
	《动物性食品中氨基甲酸酯类农药多组分残留高效液相色谱测定》（GBT 5009.163—2003）	现行有效
	《进出口动物源性食品中对乙酰氨基酚、邻乙酰水杨酸残留量检测方法液相色谱—质谱 / 质谱法》（SNT 1922—2007）	现行有效
	《进出口动物源性食品中克伦特罗、莱克多巴胺、沙丁胺醇和特布他林残留量的测定液相色谱—质谱 / 质谱法》（SNT 1924—2011）	现行有效
	《进出口动物源性食品中硝基咪唑残留量检测方法液相色谱—质谱 / 质谱法》（SNT 1928—2007）	现行有效
	《进出口动物源性食品中林可酰胺类药物残留量的检测方法液相色谱—质谱 / 质谱法》（SNT 2218—2008）	现行有效
	《动物源性食品中甲砜霉素和氟甲砜霉素药物残留检测方法微生物抑制法》（SNT 2423—2010）	现行有效
	《进出口动物源食品中甲苄喹啉和葵氧喹残留量的测定液相色谱—质谱 / 质谱法》（SNT 2444—2010）	现行有效
	《进出口动物源食品中克拉维算残留量检测方法液相色谱—质谱 / 质谱法》（SNT 2488—2010）	现行有效

（续表）

类　型	标准名称	标准状态
兽药残留指标相关标准	《进出口动物源性食品中雄性激素类药物残留量检测方法液相色谱—质谱 / 质谱法》（SNT 2677—2010）	现行有效
	《出口动物源食品中抗球虫药物残留量检测方法液相色谱—质谱 / 质谱法》（SNT 3144—2011）	现行有效
	《出口食品中多种禁用着色剂的测定液相色谱—质谱 / 质谱法》（SNT 3540—2013）	现行有效
	《牛奶中青霉素类药物残留量的测定高效液相色谱法》（农业农村部 781 号公告—11—2006）	现行有效
	《牛奶中磺胺类药物残留量的测定液相色谱—串联质谱法》（农业农村部 781 号公告—12—2006）	现行有效
	《牛奶中替米考星残留量的测定高效液相色谱法》（农业农村部 958 号公告—1—2007）	现行有效
	《牛奶中氨基苷类多残留检测—柱后衍生高效液相色谱法》（农业农村部 1025 号公告—1—2008）	现行有效
	《动物源性食品中 β– 受体激动剂残留检测液相色谱—串联质谱法》（农业农村部 1025 号公告—18—2008）	现行有效
	《动物性食品中四环素类药物残留检测酶联免疫吸附法》（农业农村部 1025 号公告—20—2008）	现行有效

（续表）

类　型	标准名称	标准状态
兽药残留指标相关标准	《动物源性食品中 11 种激素残留检测液相色谱—残留质谱法》（农业农村部 1031 号公告—1—2008）	现行有效
	《动物源性食品中糖皮质激素类药物多残留检测液相色谱—串联质谱法》（农业农村部 1031 号公告—2—2008）	现行有效
	《动物性食品中林可霉素和大观霉素残留检测气相色谱法》（农业农村部 1163 号公告—2—2009）	现行有效
污染物限量	《食品安全国家标准食品中污染物限量》（GB 2762—2017）	现行有效
真菌毒素限量	《食品安全国家标准食品中真菌毒素限量》（GB 2761—2017）	现行有效
农药残留限量	《食品安全国家标准食品中农药最大残留限量》（GB 2763—2016）	现行有效
通知公告	中华人民共和国农业农村部公告第 193 号	现行有效
	中华人民共和国农业农村部公告第 235 号	现行有效
	《食品中可能违法添加的非食用物质和易滥用的食品添加剂品种名单》（第一至六批）通知	现行有效

（续表）

类 型	标准名称	标准状态
通知公告	中华人民共和国卫生部中华人民共和国工业和信息化部中华人民共和国农业农村部国家工商行政管理总局国家质量监督检验检疫总局公告 2011 年第 10 号《卫生部等 5 部门关于三聚氰胺在食品中的限量值的公告》	现行有效
标签通则	《预包装食品标签通则》（GB 7718—2011）	现行有效
	《预包装食品营养标签通则》（GB 28050—2011）	现行有效

（2）国际标准收集情况

共收集到来自 20 个国家和 4 个国际组织的资料。20 个国家或地区包括欧盟、丹麦、意大利、荷兰、法国、德国、俄罗斯、美国、加拿大、巴西、韩国、日本、印度、新加坡、巴基斯坦、澳大利亚、新西兰、肯尼亚、博茨瓦纳；中国台湾地区；4 个国际组织包括联合国粮食及农业组织（Food and Agriculture Organization，FAO）、国际食品法典委员会（Codex Alimentarius Commission，CAC）、世界卫生组织（World Health Organization，WHO）和国际乳品联合会

（International Dairy Federation，IDF）。

生乳、巴氏杀菌乳、灭菌乳和复原乳 4 项标准国际标准查阅情况见表 7–3。

表 7–3　生乳、巴氏杀菌乳、灭菌乳和复原乳 4 项标准国际标准查阅情况

地　区	数　量	国家或地区
欧洲	7	欧盟、丹麦、意大利、荷兰、法国、德国、俄罗斯
美洲	3	美国、加拿大、巴西
亚洲	6	韩国、日本、印度、新加坡、巴基斯坦；中国台湾地区
大洋洲	2	澳大利亚、新西兰
非洲	2	肯尼亚、博茨瓦纳
国际组织	4	联合国粮食及农业组织（Food and Agriculture Organization，FAO）、国际食品法典委员会（Codex Alimentarius Commission，CAC）、世界卫生组织（World Health Organization，WHO）和国际乳品联合会（International Dairy Federation，IDF）

3. 夏季极值验证

以荷斯坦奶牛为对象，通过测定生乳中脂肪、蛋白质、非脂乳固体、酸度、冰点、相对密度、杂质度、菌落总数、体细胞，为《生乳》国标的修订提供夏季极值验证数据。

验证工作共选取了上海等 17 个省（自治区、直辖市）不同养殖规模、不同养殖类型、不同采样环节、健康牛和乳房炎患病牛样品进行验证，累计验证 337 个奶罐混合样，180 个单头奶样。

夏季极值采样验证地区见表 7–4，验证结果见表 7–5。

表 7–4　夏季极值采样验证地区

地　区	省（自治区、直辖市）
华东	上海市、山东省、安徽省、江西省、浙江省、福建省
华北	河北省、内蒙古自治区
华南	广东省、广西壮族自治区
东北	黑龙江省、辽宁省
西南	重庆市、云南省
西北	陕西省、宁夏回族自治区、青海省

表 7–5　夏季极值采样验证结果

指　标	平均值	现行版国标符合度
冰点（℃）	–0.52	符合
酸度（°T）	13.1	符合
蛋白质（g/100g）	3.19	符合

（续表）

指　标	平均值	现行版国标符合度
脂肪（g/100g）	3.76	符合
非脂乳固体（g/100g）	8.66	符合
相对密度（20℃ /4℃）	1.03	符合
菌落总数（万 CFU/mL）	30.6	符合
体细胞（万 /mL）	34	

4. 征集 2010 年标准不适用性意见和建议

共征集到 20 单位反馈的 205 条不适用性意见和建议。

其中，关于《食品安全国家标准生乳》87 条，修改蛋白质、脂肪、菌落总数等参数要求 22 条，蛋白质、脂肪、菌落总数、体细胞等质量分级 23 条，增设体细胞参数 10 条，修改酸度下限 7 条，提高检测速度、降低检测成本 8 条，文本意见 7 条，其他意见 10 条；其中建议提高参数要求和质量分级占到总意见数的 51%（图 7–1）。

《食品安全国家标准巴氏杀菌乳》意见 40 条，其中，关于包装标签标识的意见 5 条，修改酸度下限 5 条，要求标明巴氏杀菌工艺要求 7 条，增加快速检测、减少检测时间 6 条，修改部分文本语句 6 条，修改蛋白质、脂肪、杂质度等理化意见 5 条，其他降低检测成本等意见 6 条。各类意见分布较为平均，其中要求写明巴氏杀菌工艺参数及组合条件最多（图 7–2）。

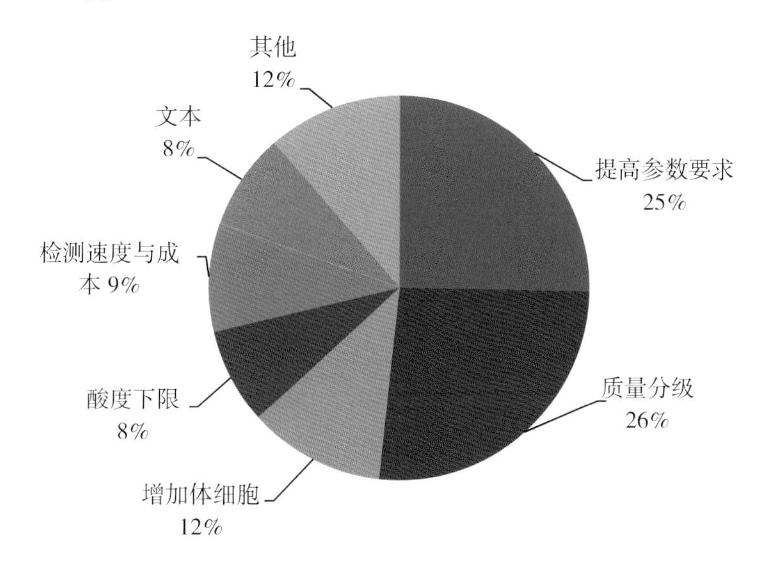

图 7–1 《生乳》意见情况

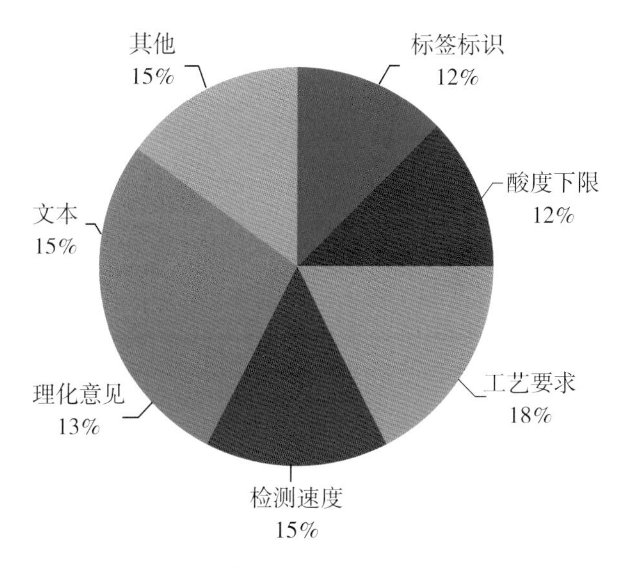

图 7–2 《巴氏杀菌》意见统计

《食品安全国家标准灭菌乳》意见 39 条，其中，关于修改术语和定义的意见 4 条，修改酸度下限 5 条，商业无菌检测时间及成本等意见 6 条，蛋白质、脂肪、杂质度等理化意见 5 条，修改部分文本语句 12 条，包装标识、快速检测等其他意见 7 条。对于文本表达的意见和建议最多，占 30.8%，其次是对于商业无菌的意见，占 15.4%（图 7–3）。

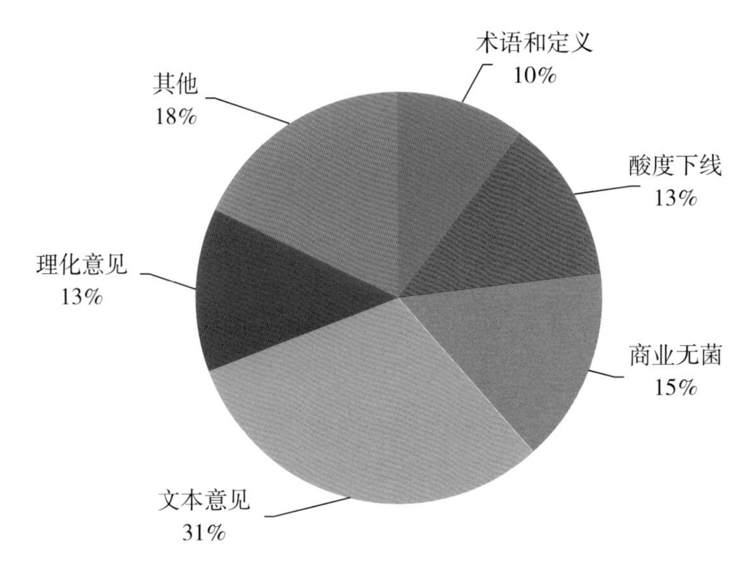

图 7–3 《灭菌乳》意见统计

《巴氏杀菌乳和 UHT 灭菌乳中复原乳的鉴定》39 条，其中，关于糠氨酸检测步骤细节的意见为 17 条，关于乳果糖检测步骤细节的意见为 15 条，而关于标准判定、标准文本、术语和定义等其他意见 7 条。

5. 碱性磷酸酶检测方法标准研制

碱性磷酸酶是美国和欧盟等国常用的热处理强度评价指标之一，美国 A 级热加工乳条例（PMO 2015 版）中明确规定巴氏杀菌乳中碱性磷酸酶活性必须小于 350mU/L，否则视为巴氏杀菌不合格；欧盟实验室工作组也推荐采用 350mU/L 的标准，同时建议了一个预警值 100mU/L，如果乳品厂生产的巴氏杀菌乳的碱性磷酸酶活性超过此水平，就要对该加工厂进行安全审查。

由此可见，检测巴氏杀菌乳中碱性磷酸酶活性是十分必要的。在此背景下，农业农村部农产品质量安全监管局于 2017 年 1 月下达标准计划，由中国农业科学院北京畜牧兽医研究所负责起草，协作单位包括农业农村部奶产品质量安全风险评估实验室（北京）和农业农村部奶及奶制品质量监督检验测试中心（北京）。碱性磷酸酶检测方法标准研制工作顺利开展，于 2017 年 11 月 11 日组织全国质检机构、高校、乳企的专家对该标准进行预审并顺利通过。于 2018 年 2 月提交了送审稿至全国畜牧业标准化技术委员会。标准方法的研制为《食品安全国家标准　巴氏杀菌乳》中新增加的碱性磷酸酶指标提供了检测方法依据。

6. 糠氨酸、乳果糖检测能力比对验证

糠氨酸和乳果糖是检验复原乳最为关键的两项参数，为筛选技术过硬的单位参与标准制定工作，于 2017 年 7 月 3—6 日，组织开展了“糠氨酸和乳果糖检测能力比对验证”工作。包含农业农村部部级质检机构、食药局质检机构、乳品企业等 10 家单位 20 余人参与本次工作。工作方式包括现场操作进行人员比对，以及领取样品回各单位检测进行实验室间比对，以考察方法的准确度和精密度。启动会上，质检中心李松励博士、文芳博士等人员对参加人员开展解读培训，介绍此次工作目的，讲解工作开展流程，培训糠氨酸、乳果糖两项指标检测方法及注意事项。任务完成后，各单位参加人员领取样品返回，继续完成实验室间比对。通过人员培训交流，实验室间比对验证两步走筛选出高水平的单位和个人，为《巴氏杀菌乳和 UHT 灭菌乳中复原乳检验方法》国家标准制定奠定牢固基础，为复原乳监管储备培养力量。

7. 形成第一次讨论稿

团队起草了《食品安全国家标准生乳》《食品安全国家标准巴氏杀菌乳》《食品安全国家标准灭菌乳》《食品安全国家标准复原乳检验方法》4 项国家标准第一次讨论稿，并于

2018 年 2 月 20 日面向全社会征求意见。

8. 乳品工业协会讨论会

2018 年 2 月 27 日于北京，乳制品工业协会组织了《巴氏杀菌乳》等 4 项国家标准修订情况讨论会。农业农村部奶及奶制品质量监督检验测试中心（北京）王加启研究员在会上介绍了 4 项国家标准的起草工作进展，并悉心听取了大家的意见。中国乳品工业协会理事长宋昆岗、卫计委逄炯倩处长、食药总局张先芝和李黎同志，蒙牛、伊利、辉山、光明等 30 余家乳企代表出席并发表了观点，对 4 项国家标准讨论稿提出了的意见和建议。

9. 中国奶业协会讨论会

2018 年 3 月 28 日于北京，中国奶业协会组织了 4 项国家标准修订情况讨论会。农业农村部奶及奶制品质量监督检验测试中心（北京）王加启研究员在会上介绍了 4 项国家标准的起草工作进展，并悉心听取了大家的意见。农业农村部畜牧业司奶业处邓兴照处长、中国奶业协会副秘书长张智山，D20 乳企和规模牧场 25 家单位的 40 余位代表参会并发表了观点，对 4 项国家标准讨论稿提出了的意见和建议。

五、讨论要点

一是要不要生乳分级。我国地域广阔，然而奶牛养殖业的发展历史较短，并且养殖方式也是千差万别，因此生乳的水平差异很大，既有达到世界顶级水平的优质生乳，也有仅仅处于合格水平的生乳。如果把标准定得很低，整个产业就会失去发展方向，出现劣币驱逐良币的现象；如果把标准定得很高，势必淘汰一大批养殖企业，产业发展出现动荡，欲速则不达。

在这种情况下，实施生乳分级标准，是一个合理的方案，其优点在于能够引导加工企业在加工产品前把优质奶源与一般奶源区分开来，使优质奶源可以物尽其用，避免混合使用造成浪费。不同的加工企业可以根据自身情况选择不同等级的奶源，并为消费者提供基于奶源等级而差异定价的奶产品，依靠市场的力量，最终引导整个奶业向优质的方向发展。美国在 1924 年制定优质乳条例时，把生乳划分成 A、B、C、D 4 个等级，并在奶产品的包装上明确标识奶源等级，对消费选择起到正向引导作用，到 1965 年美国的食用生乳基本都达到 A 级（优级）水平，奶产品已经成为美国人离不开的营养健康食品，深受消费者信赖。

二是要不要明确加工工艺规范。乳品加工工艺参数的缺失严重制约了我国奶业的核心竞争力。生乳属于鲜活食品原料，在确保安全的前提下，加工越简单，品质越高。进口奶普遍存在运输距离远、保质期长、受热强度高的现象。所以，与进口奶相比，“简加工”正是国产奶巨大的天然的优势。

当前，我国乳品的加工设备是世界一流的，奶源质量也已经得到大幅度提升，但是加工工艺仍然延续着 30 年前的工艺，存在反复加热或多次加热的问题，造成高能耗、高排放，抹杀了本地奶的天然优势，造成来之不易的优质奶源被浪费，也没有达到为消费者提供优质乳的目的。所以，在标准中明确加工工艺参数，既能降低企业加工成本，又能提高奶产品的品质，比进口奶更有市场竞争力，实现真正的“标准提升品质、品质铸就品牌、品牌赢得信心”的奶业发展模式。

在新标准中规定乳品加工工艺参数，目的就是让加工企业向消费者明确承诺，此包装盒里是不是巴氏杀菌乳、是不是 UHT 灭菌乳、是不是复原乳，是不是货真价实，能不能做到童叟无欺。为此，十分有必要在巴氏杀菌乳、灭菌乳、复原乳鉴定这 3 个国家食品安全标准中引入了糠氨酸和乳果糖 2 个新参数。农业农村部奶及奶制品质量监督检验测试中心（北京）2005 年制定了农业行业标准《巴氏杀菌乳和 UHT 灭菌乳中复原乳鉴定》，至今已经有 12 年的科研积累，建立了奶产品质量监测数据库，同时结合国际研究进展综合分析发现，糠氨酸和乳果糖在生乳中含量极微，是牛奶热加工的副产物，能够科学区分生乳、巴氏杀菌乳、灭菌乳和复原乳，是规范奶产品市场的科学指标。从表 7–6 可以看出来，糠氨酸和乳果糖这两个指标，在 4 个标准之间实现了参数共享，避免相互矛盾，提高效率。

表 7–6　不同奶产品中糠氨酸和乳果糖含量的区别

类　型	生　乳	巴氏杀菌乳	UHT 灭菌乳	保持灭菌乳	复原乳
糠氨酸（mg/100g 蛋白质）	≤ 6	≤ 12	＜ 250	≥ 250	乳果糖与糠氨酸比值判定
乳果糖（mg/L）	未检出	≤ 50	＜ 600	≥ 600	

三是要不要奶产品包装标识。拥有优质的奶源和一流的加工设备，只是具备了物质基础，但是最终能不能为消费者提供优质的奶产品，还需要明确标识出来，让消费者放心消费，让加工企业铸就品牌，让养殖业平稳发展。所以新标准规定巴氏杀菌奶、灭菌乳的产品包装上可以明确标识所用生乳的等级、加工工艺参数和品质参数。标识虽小，但是代表了企业的决心和信心，也代表了中国奶业的决心和信心，是提升消费信心和振兴奶业的关键举措；标识是向消费者传递情感的纽带，是一诺千金的情感，是珍惜呵护的情感；标识是自律的宣言，是提升管理水平、认真求实的体现，是一种追求优质绿色发展的精神。

1. 具体参数改变

（1）《食品安全国家标准生乳》讨论稿

与 GB 19301—2010 相比，规定了以下要点。

第一，增加了“体细胞指标”限量值，与国际接轨。

第二，对“蛋白质”“脂肪”“微生物指标”和“体细胞指标”进行分级，逐步提升生乳质量，同巴氏杀菌奶产品标准相衔接。

（2）《食品安全国家标准巴氏杀菌乳》讨论稿

与 GB 19645—2010 相比，规定了以下要点。

第一，用什么等级的生乳加工巴氏杀菌乳？

比如优级生乳，可以在产品包装上标注。

第二，怎么样才能加工出巴氏杀菌乳？

明确了巴氏杀菌乳的加工工艺。

第三，如何判定包装盒里的牛奶是不是巴氏杀菌乳？

建立了品质评价指标，包括以碱性磷酸酶阴性为底线，以乳过氧化物酶阳性，或糠氨酸小于等于 12mg/100g 蛋白质，或乳果糖小于等于 50mg/L，或 β- 乳球蛋白大于等于 2 600mg/L 其中之一为上限。

（3）《食品安全国家标准灭菌乳》讨论稿

与 GB 25190—2010 相比，规定了以下要点。

第一，工艺和原料更加规范，取消复原乳。

第二，科学区分超高温灭菌乳和保持灭菌乳，为市场和消费者创造一个公平的环境。

（4）《食品安全国家标准巴氏杀菌乳和 UHT 灭菌乳中复原乳检验方法》讨论稿

第一，将生乳、巴氏杀菌乳、灭菌乳、复原乳判定这 4 项上中下游的标准进行有机衔接，相互融合，引领奶业健康发展。在术语和定义中删除生乳、热处理、巴氏杀菌、巴氏杀菌乳、超高温瞬时灭菌、超高温瞬时灭菌乳（UHT 灭菌乳）的定义。

第二，修改了糠氨酸测定方法中流动相条件，更利于色谱柱柱效的保持；补充了糠氨酸测定方法中蛋白质测定相关的试剂和凯氏定氮法手动操作的步骤，便于无全自动凯氏定氮仪的采标者参考。

第三，完善了乳果糖测定方法中的试剂配制，采取了更容易被采标者理解的方式进行表述。

标准，始终是特定阶段的标准，始终要在实践应用中完善，没有最完美的标准，只有更完善的标准。尽管制定过程千辛万苦，但是仍然有待继续完善提高。

对于承担单位而言，生乳、巴氏杀菌乳、灭菌乳、复原乳鉴定 4 个国家食品安全标准的制修订，是义不容辞的责任和使命，“求实创新、学以致用、奉献奶业、健康中国”始终是团队的宗旨。

胸怀若谷，海纳百川。秉承科学、公平、公正的原则，构建开放、透明、交流的工作方法，让标准制修订过程本身就成为吸取意见、凝聚共识、传播科学和培育市场的过程，这也是每一位热爱奶业同仁的共同期盼。

六、标准修订工作大事记

➢ 2016 年 6 月 14 日，向农业部汇报《食品国家标准 生乳》国标修订计划和方案，农业部表示全力支持团队完成《食品国家标准　生乳》国标修订工作，并在全国生鲜乳质量安全监测计划中增加《生乳》国标监测工作量。

➢ 2016 年 7 月 2 日，完成国标修订工作手册，发送到全国 43 家质检机构，组织培训，指导任务单位开展《国标》监测工作。

➢ 2016 年 7 月 5 日，农业部畜牧业司奶业处下发畜牧业司关于提供生鲜乳相关数据信息的通知（农奶办便函

〔2016〕第 135 号）。通知中提出中国奶业协会提供 2013 年至今全国奶牛生产性能测定（DHI）数据和奶山羊等奶畜数据信息、奶牛产业技术体系提供奶牛场 2009—2015 年间生鲜乳有关指标数据、生鲜乳检测机构 2009—2015 年本省生鲜乳质量安全监测数据和有关企业提供 2009—2016 年收购生鲜乳的相关检测数据。

➢ 2016 年 7 月 10 日，发送关于启动《食品国家标准　生乳》（GB 19301—2010）修订工作通知。农业部奶及奶制品质量监督检验测试中心（北京）发送关于启动《食品国家标准　生乳》（GB 19301—2010）修订工作通知（农奶检（京）〔2016〕13 号），带领全国质检机构，先行启动《食品国家标准　生乳》国标修订工作数据储备。

➢ 2016 年 7 月 13 日，召开《食品国家标准　生乳》（GB 19301—2010）检测技术培训会。农业部奶及奶制品质量监督检验测试中心（北京）组织全国质检机构，在中心二楼实验室召开了《食品国家标准　生乳》（GB 19301—2010）检测技术培训会。同时，组织全体学员进行现场实际演练培训。

➢ 2016 年 7 月 25 日，发送关于调整 2016 下半年生鲜乳质量安全监测任务的通知。农业部畜牧业司奶业处依据下半年国标修订工作下发关于调整 2016 下半年生鲜乳质量安全监测任务的通知（农奶办便函〔2016〕145 号）。

➢2017 年 2 月 27 日，组织召开《生乳》国标检测技术培训会。农业部奶及奶制品质量监督检验测试中心（北京）组织全国质检机构，在北京召开了《食品国家标准　生乳》（GB 19301—2010）检测技术培训会，来自全国质检机构的 200 余人参加会议。

➢2017 年 3 月 24 日，为全国任务单位发送杂质度新标准杂质度板。农业部奶及奶制品质量监督检验测试中心（北京）组织全国质检机构根据新国家标准《食品安全国家标准　乳和乳制品杂质度的测定》（GB 5413.30—2016）制定新的杂质度比对板，向全国 56 家质检中心发放杂质度对照板，统一了杂质度对照规范。

➢2017 年 3 月 25 日，发布征集国家标准制修订参与单位的通知。农业部奶及奶制品质量监督检验测试中心（北京）发布关于征集国家标准制修订参与单位的通知。

➢2017 年 3 月 26 日，召开 4 项国家标准制修订工作启动会。农业部奶及奶制品质量监督检验测试中心（北京）组织全国质检机构，在中心二楼召开 4 项国家标准制修订工作启动会，国家卫计委食品安全标准与监测评估司、农业部农产品质量安全监管局、农业部畜牧业司、原制标单位等领导和专家参加了会议。会上，各位领导和专家提出意见和建议，建议认真谨慎、分析统计、多方考量进行国标的制修订工作。

➢2017 年 4 月 12 日，按照秘书处要求，提交奶产品标准协作组工作建议。

➢2017 年 4 月 12 日，新华网发表“《生乳》等 4 项奶业国家标准制修订工作全面启动”。新华网食品专栏发表文章“《生乳》等 4 项奶业国家标准制修订工作全面启动”，并且在网站设置专栏（详见网址：http://www.mrtweb.cn/），定期向社会各界发布最新工作进展。

➢2017 年 5 月 10 日，召开乳企关于 4 项国标制修订研讨会。农业部奶及奶制品质量监督检验测试中心（北京）组织全国质检机构，在云南昆明召开国家标准修订研讨会，云南新希望、福建长富、上海光明、北京三元、重庆天友、南京卫岗等乳企技术负责人，资深奶业专家顾佳升老师出席会议。会上，团队对 4 项国家标准的概况、问题及工作基础和工作计划及方向和框架进行了详细汇报，各乳企技术负责人高度赞同新国标修订思路，并针对现行国标和制修订工作提出意见和建议。

➢ 2017 年 7 月 3—6 日，组织开展“糠氨酸和乳果糖检测能力比对验证”工作。包含农业部部级质检机构、食药局质检机构、乳品企业等 10 家单位 20 余人参与本次工作。糠氨酸和乳果糖是检验复原乳最为关键的两项参数，为筛选技术过硬的单位参与标准制定工作，组织开展了此次检测能力比对验证工作。本次比对验证工作包括在质检中心现场操作进行人员比对，以及领取样品回各单位检测进行实验室间比对，以考察方法的准确度和精密度。通过人员培训交流、实验室间比对验证两步走策略，筛选出高水平的单位和个人，为《巴氏杀菌乳和 UHT 灭菌乳中复原乳检验方法》国家标准制定奠定牢固基础，为复原乳监管储备培养力量。

➢ 2017 年 7 月 11 日—8 月 30 日，组织开展《生乳》国标夏季极值验证工作。农业部奶及奶制品质量监督检验测试中心（北京）开始开展《生乳》国标夏季极值验证工作，覆盖全国 18 个省市自治区。本次调研以数据收集为目的，测定生乳中脂肪、蛋白质、非脂乳固体、酸度、冰点、相对密度、杂质度、菌落总数、体细胞 9 项指标。调研主要由参与国家标准制修订工作的乳制品企业配合为主，依据验证方案选取不同的养殖类型、采样环节和养殖规模的奶源基地，并对抽取的健康牛群混合样、健康单体和乳房炎单体生鲜牛乳检测相关指标，分析夏季温度对于生乳质量的影响，同时分析混合样、单头样、乳房炎样的各指标差异，为《生乳》国标的修订提供夏季极值验证数据基础。

➢ 2017 年 7 月 22 日，与内蒙古蒙牛乳业团队沟通生乳标准相关事宜。农业部奶及奶制品质量监督检验测试中心（北京）与内蒙古蒙牛乳业团队沟通生乳标准相关事宜，包括酸度标准修订、兽药标准梳理及修订、生乳其他指标、以及牧场质量安全管理体系、牧场饲料原料质量安全指标等，双方就开展时间、具体安排、预期目标等进行了沟通，最终达成共识。

➢ 2017 年 11 月 11 日，农业行业标准《生乳及其制品中碱性磷酸酶的测定　发光法》通过预审。碱性磷酸酶是巴氏杀菌乳加工工艺评价的重要指标之一。农业部奶及奶制品质量监督检验测试中心（北京）开展了碱性磷酸酶检测方法标准研制工作，并组织全国质检机构、高校、乳企的专家对该标准进行预审。标准顺利通过预审，并于 2018 年 2 月提交送审稿至全国畜牧业标准化技术委员会。

➢ 2017 年 12 月 11 日，国家奶业科技创新联盟 2017 年度工作总结会议在北京召开。农业部科技教育司、中国农业科学院科技管理局、中国农业科学院成果转化局以及全国 12 家科研高校、27 家乳制品企业、7 家质检中心代表共 90 余人参加了此次会议。会上，各参会代表对现行的 4 项国家标准存在的问题进行了发言，分别提出自己的意见，如增加体细胞限量、质量分级、降低微生物限量等，并纷纷表示会做好本职工作，为让中国人喝本土的优质奶，为健康中国奉献一份力量。

➢ 2017 年 12 月 21 日，2017 年生鲜乳质量监测任务汇报会在北京召开。农业部奶业管理办公室以及承担生鲜乳监测任务的 20 余家质检中心参加了会议，团队围绕《生乳》国标的制定，对 2017 年生鲜乳监测的数据进行了详细汇报，并分析 2009—2017 年连续 9 年生乳质量变化趋势，对《生乳》国标的制定提供了有力的数据依据。

➢ 2018 年 2 月 20 日，团队《食品安全国家标准　生乳》等 4 项国家标准第一次讨论稿，并面向全社会征求意见。

➢ 2018 年 2 月 27 日于北京，乳制品工业协会组织了

《巴氏杀菌乳》等 4 项国家标准修订情况讨论会。团队在会上介绍了 4 项国家标准的起草工作进展，并悉心听取了大家的意见。中国乳品工业协会、卫计委、食药总局、蒙牛、伊利、辉山、光明等 30 余家乳企代表出席并发表了观点，对 4 项国家标准讨论稿提出了宝贵的意见和建议。

➢ 2018 年 3 月 4 日，农业部奶及奶制品质量监督检验测试中心（北京）组织“2018 年四项国家标准解读与牛奶检测技术培训班（第一期）”。全国质检机构、科研院所和乳品企业的 80 余位代表参会。会上，中心向参会代表介绍了标准第一次讨论稿的解读，并向代表征求意见。

➢ 2018 年 3 月 8 日，农业部奶及奶制品质量监督检验测试中心（北京）在江西组织 4 项标准解读培训班，向全国质检机构 100 余位代表参与。

➢ 2018 年 3 月 22 日，参加第四届中国奶业发展国际论坛，并做国标工作进展报告，征求参会人员意见和建议。

➢ 2018 年 3 月 23 日，赴君乐宝调研奶业标准，各事业部共 20 余人参加会议。

➢ 2018 年 3 月 28 日，中国奶业协会组织 4 项国家标准座谈会，D20 乳企和规模牧场 25 家单位的 40 余位代表参会。

➢ 2018 年 4 月 11 日，中国奶业协会第七届会员代表大会，参会并在会上征求参会代表意见。

➢ 2018 年 4 月 13 日，赴上海光明集团调研，集团各事业部共 40 余人参会。

➢ 2018 年 4 月 22 日，赴内蒙古蒙牛乳业调研，集团 2 位副总裁，各事业部共 20 余人参会。

➢ 2018 年 4 月 22 日，赴广州燕塘和广州风行乳业调研，各事业部共 50 余人参会。

➢ 2018 年 4 月 27 日，赴哈尔滨，参加 2018 年度中国国际乳业合作大会，会上，特设国标专场，来自各地协会、乳企、质检机构等 70 余位代表出席会议。

➢ 2018 年 5 月 11 日，赴得益乳业调研，各事业部共 20 余人参会。

➢ 2018 年 5 月 23 日，组织全国奶产品能力比对验证工作，国标核心指标及方法，作为能力比对的依据。

➢ 2018 年 5 月 24 日，组织 4 项标准进展研讨会，会议邀请卫健委张志强副司长、宫国强处长、农业农村部监管局标准处董红岩处长、农科院李金祥副院长、中国乳制品工业协会、中国奶业协会，以及相关专家出席会议。汇报第 2 次讨论稿进展。

➢ 2018 年 6 月 25 日，参加风险评估中心组织的乳及乳制品标准进展会议。

第八章 优质乳工程进展

- 优质乳工程实施背景
- 优质乳工程实施进展
- 优质乳工程温度计和保温时间测试操作规范
- 《美国优质乳条例》传递国际动态

一、优质乳工程实施背景

近年来，世界奶业稳步发展，生鲜乳质量得到了大幅度的提升，但是也面临着发展新方向的抉择。2004 年，国际食品法典委员会（Codex Alimentarius Commission，CAC）修定 RCP-57 标准时提到一个无奈的现实：尽管生鲜乳质量有了大幅提升，但是热杀菌强度并没有被修订降低。2015 年，时任国际乳品联合会（International Dairy Federation，IDF）科学教育委员会主席的 P. F. Fox 教授指出："在加工过程中如何保护和开发利用奶中生物活性物质，是全球乳品工业目前面临的新挑战。"美国"优质乳条例"至今已有 94 年历史，修订了 40 版。"优质乳条例"其中提到："巴氏杀菌是唯一经济适用的手段，尽管超高温灭菌和高压釜灭菌都能杀死病原微生物，但大量研究证明：只有巴氏杀菌不会使奶的价值显著损失"。对"优质乳条例"认真严格、坚持不懈的执行，使得美国的优质乳（Grade A）比例达到了 98% 以上。

这些发展经验证明，优质乳是奶业的发展方向，这既是保障消费者安全健康的需要，也是绿色发展的需要。只有生产优质乳，奶业才能在竞争中健康生存和发展，才能赢得消费者的信任和喜爱，才有存在的价值。

2013 年，中国农业科学院奶业创新团队提出《建议我国实施优质乳工程》。2016 年，在农业部、中国农业科学院和国家农业科技创新联盟的指导下，国家奶业科技创新联盟成立。国家奶业科技创新联盟针对优质奶源利用不合理、乳品加工工艺落后、奶产品品质评价技术缺乏、进口奶冲击严重等问题，通过加强协同攻关，形成了适合我国国情的优质乳工程技术体系，一是推动奶牛养殖技术升级，以保障优质原料奶的稳定生产、供给；二是创建优质乳标识制度，并依法运用和监管；三是全面实施绿色、低碳的加工工艺标准化监管，彻底消除企业随意改变工艺的乱象，确保为消费者提供营养丰富、安全可靠的优质乳制品。

二、优质乳工程实施进展

优质乳工程已在光明乳业、现代牧业、新希望等 22 个省 42 家企业示范应用，初步解决了产业链利益分配不平衡、奶产品核心竞争力不高和消费市场低迷的重大难题，探索出应对进口奶冲击的有效途径，同时节能减排、低碳环保。优质乳工程实现了全程监管，从牧场到消费者手中，严格控制奶源质量、优化加工工艺、完善全程冷链控制体系、传递健康营养的消费理念。

1. 建立基于我国国情的生乳用途分级标准，正向引导奶业链利益分配达到基本平衡

基于奶业联盟构建的含有 154 项奶产品重点风险因子、110 余万条数据的“奶产品质量安全与营养功能评价数据库”，将生鲜乳分级为特优级、优级、良级和合格 4 个级别，每个分级用于满足加工不同奶产品的需求，充分发挥正向引导奶产业利益分配达到基本平衡的重大作用。避免在奶源不足时，不管质量多低，到处争奶抢奶，存在安全隐患，而奶源过剩时，不管质量多高，仍然拒奶倒奶，造成浪费。生鲜乳用途分级标准在联盟企业示范应用后，对优质奶源的需求量大幅度增加，正向引导奶农提高生乳品质，没有一例限收拒收的现象。四川新希望乳业华西公司月均特优级生乳需求从原来的 673 吨增加到 795 吨。上海光明乳业股份有限公司在当前奶牛养殖形势严峻的情况下，为每千克特优级生乳加价 0.15 元，与 2016 年相比，2017 年成母牛头均增加收入

686 元。建立了从优质奶产品引导加工企业主动寻找优质奶源、支持奶农发展的利益分配模式。

2. 创建绿色低碳加工工艺，大幅度提升乳制品品质

经过长期的不懈努力，我国奶源质量已经得到根本提升，但是加工工艺严重滞后，优质奶源加工不出优质奶产品，造成严重浪费。为此，联盟开发出绿色低碳加工工艺，去掉预巴杀和闪蒸等多余工序及设备，加工温度从 95 ～ 100℃降低到 72 ～ 80℃等。示范企业由于去掉预巴杀和闪蒸两道工序，生产液态奶节约用电约 18.67 元 / 吨，节约用水约 0.35 元 / 吨，节约用气约 28.58 元 / 吨，节约耗冷 0.95 元 / 吨，共计节约 48.55 元 / 吨，降低加工成本 15% 以上，同时显著减少 CO_2 和 SO_2 排放，为节能减排、低碳环保作出了贡献。奶业联盟建立的绿色低碳发展工艺模式，显著提高了国产奶制品的品质，优质巴氏杀菌奶的糠氨酸全部控制在 12mg/100g 蛋白质以下，活性因子乳铁蛋白平均含量是进口巴氏奶的 8 倍，全面达到国际先进水平，增强了国产奶的市场核心竞争力。

3. 研发奶品质评价技术，提升对国产奶的消费信心

以奶业联盟为平台，研发了以碱性磷酸酶、β- 乳球蛋白、乳过氧化物酶和糠氨酸为核心技术指标的奶品质评价技术。对全国 26 个主要乳品消费城市销售的国产奶和进口奶科学评价，结果表明，国产优质巴氏杀菌奶中 β- 乳球蛋白的平均值为 2 291mg/L，最低值为 2 078mg/L；进口巴氏杀菌奶中 β- 乳球蛋白的平均值为 186mg/L，最低值为 182mg/L。按照国际通用标准评价，国产液态奶的营养品质全面优于进口液态奶。这是因为进口液态奶普遍存在受热强度高、运输距离远、保质期长等问题，很难达到优质乳的标准，国家奶业科技创新联盟首次用科学数据作出“优质乳产自于本土奶”的科学判断，成为国内企业应对进口奶冲击的有效途径。示范企业新希望乳业华西公司的优质巴氏杀菌乳销量同比增幅 18%，福建长富乳业集团股份有限公司优质巴氏杀菌乳占福建市场 90%，优质乳品牌影响力逐渐得到全国消费者的认可。海关数据显示，2017 年 1—10 月，我国进口鲜奶量 53.2 万吨，同比增长 0.6%，结束了 2008 年以来进口量年均增长 70% 以上的高速势头；从消费终端看，尼尔森数据显示 2017 年 1—6 月，国内液态奶销售量增长 6.0%，扭转了 2016 年同期下降 1.6%、2015 年同期下降 0.1% 连续下滑的态势，国产液态奶产量和消费量都出现明显增加，国产奶业正在从简单的变换花色品种模式，向提升内在品质、打造优质乳品牌模式转变。“优质乳产自本土奶”已经成为乳品企业和国产奶业增强自信心的发展动力（表 8-1）。

表 8-1　优质乳企业名录

正在实施优质乳工程的企业	通过验收企业名单
1. 贵州好一多乳业有限公司	1. 新希望乳业昆明雪兰有限公司
2. 南京卫岗乳业有限公司	2. 现代牧业（蚌埠）有限公司
3. 新疆天润生物科技股份有限公司	3. 现代牧业（塞北）有限公司
4. 云南乍甸乳业有限公司	4. 福建长富乳品有限公司
5. 广泽乳业有限公司	5. 辉山乳业集团（沈阳）有限公司
6. 湖北俏牛儿牧业有限公司	6. 杭州新希望双峰乳业有限公司
7. 杭州味全食品有限公司	7. 新希望乳业有限公司华西分公司
8. 天津海河乳业有限公司	8. 重庆市天友乳业股份有限公司
9. 山西九牛牧业有限公司	9. 青岛新希望琴牌乳业有限公司
10. 湖南优卓食品科技有限公司	10. 中垦华山牧乳业有限公司
11. 君乐宝乳业有限公司	11. 光明乳业股份有限公司华东中心工厂
12. 河南花花牛乳业有限公司	12. 上海乳品四厂有限公司
13. 贵阳三联乳业有限公司	13. 河北新希望天香乳业有限公司
14. 安徽新希望白帝乳业有限公司	14. 新希望双喜乳业（苏州）有限公司
15. 浙江一鸣食品股份有限公司	15. 广东燕塘乳业股份有限公司

（续表）

正在实施优质乳工程的企业	通过验收企业名单
16. 广东温氏乳业有限公司	16. 广州风行牛奶有限公司
17. 临沂格瑞食品有限公司	17. 山东得益乳业股份有限公司
18. 甘肃祁牧乳业有限责任公司	18. 北京光明健能乳业有限公司
19. 湖南新希望南山液态乳业有限公司	19. 广州光明乳品有限公司
	20. 浙江省杭江牛奶公司乳品厂
	21. 成都光明乳业有限公司
	22. 武汉光明乳品有限公司
	23. 南京光明乳品有限公司
	24. 上海永安乳品有限公司
	25. 西昌新希望三牧乳业有限公司

三、优质乳工程温度计和保温时间测试操作规范

1. 温度计测试操作规范

适用范围：本规范适用于杀菌或灭菌加工过程中的指示温度计和记录温度计的测试。

（1）测试设备

测试温度计：可使用汞柱滚动式温度计或数字式温度计；应当有测试浸没点，并经县级以上人民政府计量行政部门的测试校验。精度范围：大于等于 ±0.1℃的精确度。刻度范围：在杀菌温度或灭菌温度 ±7℃之间，上下温度可延伸。温度计盒：适用于运输过程及不用时提供保护。

介质浴：巴氏杀菌设备可使用水浴或其他相应介质浴；UHT 灭菌设备和超巴氏杀菌设备可使用油浴或其他相应介质浴。

搅拌器和加热器：适合加热介质浴的加热器，以及适合搅拌介质浴的搅拌器。

（2）测试标准

连续式巴氏杀菌指示和记录温度计相对偏差在 ±0.25℃。

UHT 灭菌或者超巴氏杀菌指示和记录温度计相对偏差在 ±0.15℃。

（3）测试频率

安装时：安装后每 3 个月至少 1 次；当温度计被更新替换时或对数字感应器进行调整密封时，以及数字控制盒被损坏时均须进行调试。

（4）测试步骤

准备一种介质浴，将介质浴的温度提高到正在使用杀菌或灭菌温度的 ±2℃范围内。

保持介质浴温度的稳定并快速搅动。

不断搅动，将指示或记录温度计与测试温度计插入到浴锅内，并浸入到浸没指示点。

比较测试温度范围内的指示或记录温度计与测试温度计的读数，重复比较 6 次以上；如果结果符合测试标准要求，记录指示温度计和记录温度计测试温度结果；如果结果不符合测试标准要求，应当由政府管理部门人员校正，使其符合测试标准，记录指示温度计和记录温度计测试温度结果。

密封数字式温度计的传感元件和控制盒。

2. 保温时间测试操作规范

适用范围：本规范适用于巴氏杀菌或灭菌保温过程中的保温时间的测试。

（1）测试设备

电导率测量仪：手动或自动式，2 个，能够检测出于硬度为 100mg/L 的水中增加 10mg/L 浓度氯化钠的电导率变化，标准型电极，电子钟，时间间隔不超过 0.2s。

秒表：表盘敞开，可指示秒以下的小数。精确到 0.2s。在使用时，长秒针可以每 60s 或更少时间转动 1 周。不大于 0.2s。揿压表顶按钮操作开始、停止及调零。

电导溶液：氯化钠溶液或其他合适的电导溶液。

已知容积的桶或容器：容积≥ 50L 以上的桶或容器。

（2）测试标准

连续式巴氏杀菌保温管保温时间 15s 以上，偏差在 +0.3% 以上。

UHT 灭菌保温管保温时间 4s 以上，偏差在 +0.3% 以上。

（3）测试频率

安装时：安装后每 6 个月至少 1 次；任何影响杀菌或灭菌保温时间和流速的状况发生时；或杀菌或灭菌消毒器换热板数量或保持管能力减少时。

（4）测试步骤

配制不同浓度的电导溶液，同时使用2个电导率测试仪进行测试，比较2个电导率仪显示数值偏差，当2个电导率仪显示偏差在5%以内时，记录该溶液浓度，后续使用该浓度电导溶液进行测试；经验显示，以氯化钠作为电导溶液时，最适合浓度为0.04%，不同水质、温度和电导率型号可能影响此最适合浓度，需自行摸索。

保温管开始端和结束端安装电导率测试仪。

用水运行巴氏杀菌系统，液流速度和温度与正常设备运转时参数相同。

在保温管前端或平衡缸内，注入电导溶液或者其它合适电导溶液。

当精确计时装置在规定保持管开始处检测到电导率变化时，精确计时装置启动。

当精确计时装置在规定保持管结束处检测到电导率变化时，精确计时装置停止。

重复该测试6次或以上，直到6个连续的数据彼此差值在0.5s以内，这6个连续数据的平均值即为水试的保持时间

（Tw）。如果不能获得一致的测试读数，清洁巴氏杀菌系统，检查测试仪器和连接，检查计时泵吸入口是否有空气泄露。重复过程 7，当重复过程 7 后仍不能获得一致的读数时，使用测试获得的最快时间作为水试的保温时间。

使用相同的参数条件，测定用水注满已知容积容器的时间，重复测定 6 次或以上，直到 6 个连续的数据彼此差值在 0.5s 内，这 6 个连续数据的平均值即为输送一定容量水所用的时间（Vw）。

用牛奶重复过程 8，测得输送一定容量牛奶所用的时间（Vm）。

使用下列任一公式通过体积或重量计算杀菌或灭菌保温时间。

A. 通过体积

调整过的牛奶杀菌或灭菌保温时间等于：水保持时间乘以输送一定容量牛奶所用的时间与输送等容量水所用时间的商。

$Tm=Tw（Vm/Vw）$

式中：

Tm= 调整后牛奶的保持时间。

Tw= 水保持时间，即盐水试验结果。

Vm= 泵送一定容量的牛奶所用的时间，以 s 为单位。

Vw= 泵送等容量的水所用的时间，以 s 为单位。

B. 通过重量（使用比重）

调整过的牛奶杀菌或灭菌保温时间等于：牛奶的比重乘以水保持时间乘以输送一定重量牛奶所用的时间与输送等重量水所用时间的商。

$Tm=1.032 \times Tw\ (Wm/Ww)$

式中：Tm= 调整后牛奶的巴氏杀菌保持时间。

1.032= 牛奶的比重。

注：如果使用另一种奶制品，选用合适的比重。

Tw= 水保持时间，即盐水试验结果。

Wm= 泵送一定容量的奶所用的时间，以 s 为单位。

Ww= 泵送等容量的水所用的时间，以 s 为单位。

3. 杀菌或灭菌过程中指示或记录温度计探头稳定性测试规范

适用范围：本规范适用于杀菌或灭菌保温过程中的温度计探头稳定性的测试。

（1）测试标准

班次连续式生产全过程中，开始到结束生产时，每个时间点巴氏杀菌指示和记录温度计温度波动相对偏差在 ±0.25℃以内。

UHT 灭菌或者超巴氏杀菌指示和记录温度计温度波动相对偏差在 ±0.15℃以内。

（2）测试频率

安装时；安装后每 3 个月至少 1 次；任何影响杀菌或灭菌保温时间和流速的状况发生时；或杀菌或灭菌消毒器换热板数量或保持管能力减少时。

（3）测试步骤

班次生产期间，人工每 30min 记录指示温度计显示数值，然后统计分析；用计算机抽取记录温度计记录的温度数值，抽取密度不少于每 1min 1 个数值，然后统计分析。

4. 杀菌或灭菌过程中保温管进出口温度差异测试规范

适用范围：本规范适用于杀菌或灭菌保温过程中保温管进出口温度差异测试。

（1）测试标准

班次连续式生产全过程中，开始到结束生产时，每个时间点保温管进出口温度应在 0.5℃以内。

（2）测试频率

安装时；安装后每 3 个月至少 1 次；任何影响杀菌或灭菌保温时间和流速的状况发生时；或杀菌或灭菌消毒器换热板数量或保持管能力减少时。

（3）测试步骤

班次生产期间，人工每 30min 记录保温管进出口指示温度计显示数值，然后统计分析保温管进出口温度差异；用计算机抽取记录温度计记录的温度数值，抽取密度不少于每 1min 1 个数值，然后统计分析保温管进出口温度差异。

四、《美国优质乳条例》传递国际动态

由中国农业科学院北京畜牧兽医研究所编译的《美国优质乳条例》已经由中国农业科学技术出版社出版。

奶牛和牛奶在美国都是舶来品。1924 年之前，美国奶业历经质量安全事件频发的痛苦，尤其是 1858 年的“泔水奶”事件，导致 8 000 余名婴幼儿死亡，造成社会恐慌，谈奶色变。

但是今天，牛奶已经成为美国人离不开的营养健康食品，深受消费者信赖。美国人口 3.23 亿人，牛奶产量 9 640 万吨，人均每年消费奶量达到 290kg，是世界奶业大国和奶业强国，并认为“没有任何单一食物能够超过牛奶成为保持美国人健康的营养素来源，尤其是对儿童和老人”。

由乱到治，美国奶业靠什么？

简而言之，靠优质乳制度。

转折点是 1924 年，这一年，美国公共卫生署制定并颁布了关于优质乳的条例，之后虽数易其名但一直延续至今。

其核心内容有 3 点。

一是实施生鲜奶分级标准。1924 年美国的生鲜牛奶统一分为 A、B、C、D 共 4 级。

二是实施生鲜奶分级检测、牧场审核和牛奶加工工艺认证一体化管理。

三是实施优质乳标识制度。市场上每一盒牛奶都明确标识所用生鲜奶的质量等级。

1924 年第一版优质乳条例规定 D 级生鲜奶的菌落总数≤ 500 万 cfu/ml；1940 年，纽约州 87% 的牛奶已经达到 B 级牛奶标准（生鲜奶的菌落总数≤ 20 万 cfu/ml）；到 1965 年，优质乳条例中取消了除 A 级之外的其他分级，表明美国生鲜奶基本达到 A 级标准（生鲜奶的菌落总数≤ 10 万 cfu/ml）。可见，一个好的标准，可以引导整个产业的发展方向。

从 1924 年到 2018 年的 94 年间优质乳条例修订了 40 次，已经成为美国奶业发展的基石，是消费者健康的护航者。1938 年，美国因食物和水引起的疾病暴发总数中，奶源性的占 25%，到 2005 年，美国优质乳条例实施 81 年，这一比例下降到不足 1%。优质乳条例的不断坚持与发展，推动美国奶业从安全底线到优质消费成功转型。

美国公共卫生署和食品药品监督管理局没有司法权。因此，优质乳条例是国家推荐标准。目前美国 50 个州、哥伦比亚特区和托管领土都加入并遵守优质乳条例，使之成为法院裁定的依据。因此，优质乳条例已经成为美国奶业直接面向生产实践操作、最接地气的“根标准”。

编译组把这本优质乳条例编译出来供国内同行参考，希望有所借鉴（图 8–2）。这个条例的英文名称是 Grade “A” Pasteurized Milk Ordinance，直译出来应该是“A 级巴氏杀菌奶条例”。为什么我们把它翻译成“优质乳条例”呢？这是因为 A 级奶就是优质奶，Grade “A” Pasteurized Milk Ordinance 是本书的传统名称，但是书的范围已经不仅仅涉及巴氏杀菌奶，还包括 UHT 灭菌奶、超巴氏奶、高压釜灭菌奶，以及部分

图 8–2 《美国优质乳条例》

浓缩、干燥等奶产品的原料和中间产品，其核心内容就是通过优质的牧场、优质的生鲜奶和优质的加工工艺集成，最终生产出品质优异、营养健康、充满活性、低碳绿色的优质奶产品。实践证明，这个条例是名副其实的优质乳条例，值得参考。

第九章 国际动态

《柳叶刀》：奶制品可以显著降低人群总死亡率、心血管疾病发生率及死亡率

2018 年 9 月 11 日，加拿大等国家的科学家在国际著名医学杂志《柳叶刀》发表文章，研究表明每日摄入 2 份标准食用量以上总奶制品的人群总死亡率、心血管死亡率、主要心血管疾病发生率和中风发生率均显著降低。

该研究耗时 15 年，共调研了五大洲 21 个国家 13 万余人的奶制品摄入量与人类疾病的关系。根据总奶制品的摄入情况将参与者分成 4 组，分别为无奶制品摄入、每日摄入少于 1 份标准食用量、每日摄入 1 ～ 2 份标准食用量和每日摄入超过 2 份标准食用量。为了把参与者的奶制品摄入状况统一化，研究使用“标准食用量”概念进行折算，其中一份牛奶 / 酸奶的标准食用量为 244g，一份奶酪为 15g。

研究发现如下。

一是与不摄入任何奶制品组相比，每日摄入 2 份标准食用量以上总奶制品（牛奶 / 酸奶为 488g，奶酪为 30g）的人群总死亡率显著降低 17%，心血管疾病死亡率显著降低 23%，主要心血管疾病发生率显著降低 22%，中风发生率显著降低 34%（表 9–1）。

二是与不摄入任何奶制品组相比，每日摄入 1 份牛奶（244g）能够显著降低主要心血管疾病的发生率（18%）；每日摄入1份酸奶（244g）亦能够显著降低总死亡率（17%）和主要心血管疾病的发生率（10%）；每日仅摄入1份奶酪（15g）不能显著的降低总死亡率和主要心血管疾病的发生率；每日摄入1份黄油（5g）却能在趋势上增加主要心血管疾病的发生率（表9-2）。

三是在仅食用全脂奶制品（牛奶、酸奶或奶酪）的人群中，每天服用＞2份标准食用量同每天＜0.5份相比，总奶制品摄入量的增加能够显著降低总死亡率（25%）和主要心血管疾病的风险（32%，图9-1A）；但是食用全脂和低脂混合奶制品的人群中，每天服用＞2份标准食用量与每天＜0.5份相比，总奶制品消费量的增加只能在整体趋势上降低14%的总死亡率和19%的主要心血管疾病风险（图9-1B）。而且，来自乳源的饱和脂肪酸和高蛋白摄入量与总死亡率或主要心血管疾病发病率间并无显著相关性。因此，奶制品不需要刻意选择低脂的产品。

四是中风和高血压在中国都是比较常见的疾病，增加奶制品的摄入量可能减少这2种疾病的风险。

为什么更多的奶制品消费会降低心血管疾病和死亡率呢？主要的原因可能是奶制品中的潜在生物活性物可能会改

善健康。在之前的机制研究中，奶制品多样化调节各种机体代谢途径，如血管紧张素转换酶、骨钙素，以及与肠道微生物组相互作用等。由于机体内生物信号通路的复杂性和多变性，运用大规模调研方法，从奶制品整体入手去研究和发现其综合的生物效应，可能更加客观真实。

另外，该项研究的主要负责人之一，加拿大麦克马斯特大学的 Mahshid Dehghan 博士也表示：全世界都应该加强鼓励奶制品的摄入，尤其对于是奶制品消费量低的中低等收入国家。

表 9-1 总乳制品消费与临床结果之间的关系（$n = 136\ 384$）

项目	活动				风险比（95% CI）				P 趋势
	0（n=28 674）	每日＜1 份（n=55 651）	每日 1 ～ 2 份（n=24 423）	每日＞2 份（n=27 636）	0	每日＜1 份	每日 1 ～ 2 份	HR（95% CI）	
中位数摄入量（每天建议）	0（0 ～ 0）	0.4（0.16 ～ 0.83）	1.4（1.17 ～ 1.72）	3.2（2.52 ～ 4.71）	—	—	—	—	—
综合结果	2 501（8.7%）	4 871（8.8%）	1 602（6.6%）	1 593（5.8%）	1（参考）	1.03（0.96 ～ 1.11）	0.87（0.78 ～ 0.96）	0.84（0.75 ～ 0.94）	0.000 4
总死亡率	1 612（5.6%）	3 233（5.8%）	1 020（4.2%）	931（3.4%）	1（参考）	0.99（0.90 ～ 1.08）	0.85（0.75 ～ 0.97）	0.83（0.72 ～ 0.96）	0.005 2
非心血管死亡率	1 147（4.0%）	2 248（4.0%）	723（3.0%）	678（2.5%）	1（参考）	1.01（0.90 ～ 1.13）	0.89（0.76 ～ 1.04）	0.86（0.72 ～ 1.02）	0.046
心血管死亡率	465（1.6%）	985（1.8%）	297（1.2%）	253（0.9%）	1（参考）	0.96（0.81 ～ 1.13）	0.78（0.61 ～ 0.99）	0.77（0.58 ～ 1.01）	0.029
主要心血管疾病	1 398（4.9%）	2 620（4.7%）	878（3.6%）	959（3.5%）	1（参考）	1.01（0.93 ～ 1.10）	0.80（0.70 ～ 0.92）	0.78（0.67 ～ 0.90）	0.000 1
心肌梗塞	467（1.6%）	1 153（2.1%）	457（1.9%）	517（1.9%）	1（参考）	1.01（0.87 ～ 1.18）	0.86（0.70 ～ 1.05）	0.89（0.71 ～ 1.11）	0.163
中风	822（2.9%）	1 224（2.2%）	346（1.4%）	326（1.2%）	1（参考）	1.01（0.90 ～ 1.13）	0.78（0.65 ～ 0.94）	0.66（0.53 ～ 0.82）	0.0003
心脏衰竭	97（0.3%）	212（0.4%）	77（0.3%）	130（0.5%）	1（参考）	0.96（0.72 ～ 1.28）	0.82（0.56 ～ 1.19）	1.06（0.71 ～ 1.57）	0.90

除非另有说明，否则数据为中位数（IQR）或 n（%）。模型根据年龄、性别、教育程度、城市或农村地区、吸烟状况、体力活动、糖尿病史、心血管疾病家族史、癌症家族史以及水果、蔬菜、红肉、淀粉类食物摄入和能量的五分位数进行调整；中心也被列为随机效应。

表 9-2 不同类型乳制品与临床结果之间的关联（n = 136 384）

项　目	活动				风险比（95% CI）				*P* 趋势
	0	每日＜0.5 份	每日 0.5～1 份	每日＞1 份	0	每日＜0.5 份	每日 0.5～1 份	每日＞1 份	
牛奶 *									
中位数摄入量（每天建议）	0（0～0）	0.1（0.07～0.42）	1.0（0.81～0.98）	2.0（1.12～2.97）	—	—	—	—	—
综合结果	4 464（8.7%）	2 985（7.6%）	1 770（7.2%）	1 217（6.2%）	1（参考）	1.00（0.93～1.07）	0.98（0.91～1.05）	0.90（0.82～0.99）	0.052 9
总死亡率	3 274（6.4%）	2 167（5.5%）	1 098（4.4%）	834（4.2%）	1（参考）	1.00（0.91～1.08）	1.00（0.90～1.10）	0.89（0.79～1.00）	0.106
主要心血管疾病	24 38（4.8%）	1 571（4.0%）	1 098（4.4%）	658（3.3%）	1（参考）	0.96（0.88～1.04）	0.93（0.85～1.02）	0.82（0.72～0.93）	0.002 7
酸奶 †									
中位数摄入量（每天建议）	0（0～0）	0.1（0.07～0.33）	0.8（0.64～0.98）	1.5（1.19～1.96）	—	—	—	—	—
综合结果	5 061（8.4%）	3 091（7.8%）	907（6.4%）	652（6.5%）	1（参考）	0.95（0.89～1.02）	0.87（0.78～0.97）	0.86（0.75～0.99）	0.005 1
总死亡率	3 411（5.7%）	2 296（5.8%）	611（4.3%）	444（4.4%）	1（参考）	0.98（0.89～1.07）	0.92（0.80～1.05）	0.83（0.69～0.99）	0.040 4
主要心血管疾病	2 913（4.9%）	1 606（4.1%）	535（3.7%）	381（3.8%）	1（参考）	0.93（0.85～1.02）	0.83（0.72～0.94）	0.90（0.75～1.07）	0.016 2
奶酪 ‡									

（续表）

项　目	活动				风险比（95% CI）				P 趋势
	0	每日＜0.5 份	每日 0.5 ～ 1 份	每日＞1 份	0	每日＜0.5 份	每日 0.5 ～ 1 份	每日＞1 份	
中位数摄入量（每天建议）	0（0 ～ 0）	0.2（009 ～ 035）	0.8（0.59 ～ 0.85）	1.7（1.21 ～ 2.60）	1（参考）	..	..	..	..
综合结果	4 815（8.0%）	1409（5.7%）	539（4.9%）	809（5.6%）	1（参考）	0.90（0.80 ～ 1.02）	0.87（0.74 ～ 1.01）	0.88（0.76 ～ 1.02）	0.139 9
总死亡率	3 103（5.2%）	944（3.8%）	342（3.1%）	466（3.2%）	1（参考）	0.89（0.77 ～ 1.04）	0.88（0.73 ～ 1.06）	0.87（0.72 ～ 1.05）	0.238 3
主要心血管疾病	2 974（5.0%）	822（3.3%）	313（2.9%）	514（3.6%）	1（参考）	0.90（0.77 ～ 1.06）	0.85（0.70 ～ 1.03）	0.92（0.77 ～ 1.11）	0.502 4
黄油 §									
中位数摄入量（每天建议）	0（0 ～ 0）	0.07（0.01 ～ 0.14）	0.8（0.71 ～ 0.80）	1.0（1.00 ～ 2.50）	..	..	..	..	..
综合结果	4 477（8.9%）	112 6（6.1%）	87（6.3%）	149（6.8%）	1（参考）	1.01（0.91 ～ 1.11）	1.06（0.81 ～ 1.38）	1.09（0.90 ～ 1.33）	0.411 3
总死亡率	3 578（7.1%）	743（4.1%）	62（4.5%）	100（4.6%）	1（参考）	0.99（0.88 ～ 1.12）	1.17（0.84 ～ 1.62）	1.02（0.80 ～ 1.29）	0.774 7
主要心血管疾病	2 084（4.1%）	672（3.7%）	49（3.5%）	89（4.1%）	1（参考）	1.00（0.88 ～ 1.13）	0.92（0.65 ～ 1.31）	1.19（0.92 ～ 1.53）	0.409 9

除非另有说明，否则数据为中位数（IQR）或 *n*（%）。模型根据年龄，性别，教育程度，城市或农村地区，吸烟状况，体力活动，糖尿病史，心血管疾病家族史，癌症家族史以及水果，蔬菜，红肉，淀粉类食物摄入和能量的五分位数进行调整；中心也被随机包括在内。HR= 风险比。REF= 参考。* 一份相当于一杯牛奶（244g）；0 份，*n*=51 120，<0.5 份 / 天，*n*=39 349，每天 0.5 ～ 1 份，*n*=24 746，每天＞1 份，*n*=19 697。† 一份相当于一杯酸奶（244g）；0 份，*n*=59 961，每天 <0.5 份，*n*=39 564，每天 0.5 ～ 1 份，*n*=14 277，每天＞1 份，*n*=10 028。‡ 一份相当于一片奶酪（15g）；0 份，*n*=59 895，每天 <0.5 份，*n*=24 843，每天 0.5 ～ 1 份，*n*=10 896，每天＞1 份，*n*=14 342。§ 一份相当于一茶匙黄油（5g）；0 份，*n*=50 274，每天 <0.5 份，*n*=18 327，每天 0.5 ～ 1 份，*n*=1 381，每天＞1 份，*n*=2 193。中国、马来西亚、巴勒斯坦被占领土和瑞典没有记录黄油摄入量。

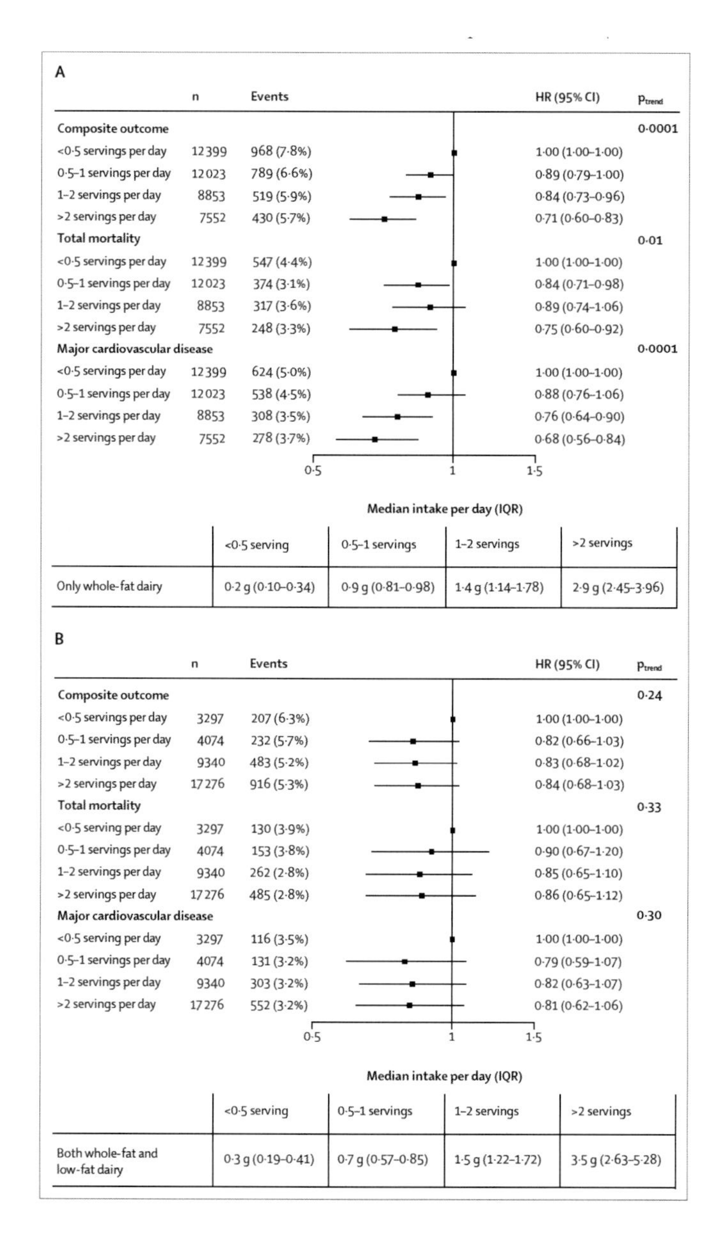

	<0·5 serving	0·5–1 servings	1–2 servings	>2 servings
Only whole-fat dairy	0·2 g (0·10–0·34)	0·9 g (0·81–0·98)	1·4 g (1·14–1·78)	2·9 g (2·45–3·96)

	<0·5 serving	0·5–1 servings	1–2 servings	>2 servings
Both whole-fat and low-fat dairy	0·3 g (0·19–0·41)	0·7 g (0·57–0·85)	1·5 g (1·22–1·72)	3·5 g (2·63–5·28)

图 9–1　乳制品总摄入量与临床结果风险之间的关系

（A）仅食用全脂乳制品（n=40 827）。（B）食用全脂和低脂混合乳制品（n=3 3987）。完整模型根据年龄、性别、教育程度、城市或乡村、吸烟状况、体力活动、糖尿病史、心血管疾病家族史、癌症家族史、水果和蔬菜（g/d）、红肉（g/d）、淀粉类食物（g/d）和总能量摄入量等进行分析；中心也被列为随机效应。HR= 风险比。

奶业创新团队 2017 年大事记

2 月 12—16 日，国家奶业科技创新联盟对福建长富乳品有限公司实施的中国优质乳工程“长富优质巴氏鲜奶项目”进行了现场验收和会议验收。

2 月 18 日，新希望琴牌“中国优质乳工程”项目现场启动会在胶州举行，启动会上，国家奶业科技创新联盟顾佳升老师、张养东博士分别介绍了实施优质乳工程的意义和实施方案。

2 月 20 日，李松励博士赴新西兰参加“中新国际食品安全交流研讨会”。

2 月 27 日，农业农村部奶及奶制品质量监督检验测试中心（北京）组织全国质检机构，在北京组织召开了《食品国家标准生乳》（GB 19301—2010）检测技术培训会。全国质检机构 200 余人参加会议。解读了《生乳》国标修订工作方案和检测技术要点，组织全体学员进行现场实际演练培训。

3 月 25 日，农业农村部奶及奶制品质量监督检验测试中心（北京）组织全国质检机构发布《关于征集国家标准制修订参与单位的通知》。

3 月 25 日—5 月 20 日，邀请加拿大曼尼托巴大学 Gary Crow 教授来团队开展学术交流与合作，为学生讲授了生物统计与 SAS 应用课程，协助构建了风险评估预警模型。

3 月 26 日，农业农村部奶及奶制品质量监督检验测试中心（北京）召开“4 项国家标准制修订工作启动会”，会上郑楠博士对 4 项国家标准的概况、工作基础和工作计划进行了详细汇报。

5 月 5—7 日，由团队、美国奶业科学学会和中国奶业协会联合举办的第五届“奶牛营养与牛奶质量”国际研讨会在北京召开。会议邀请了 20 余位国际知名专家作大会报告，成为国内外分享奶业成果的重要平台。

5 月 10 日，农业农村部奶及奶制品质量监督检验测试中心（北京）组织全国质检机构，在云南昆明召开国家标准修订研讨会，李松励博士针对 4 项国家标准的工作基础和工作计划进行了详细汇报。

6 月 16 日，国家奶业科技创新联盟第一次理事长工作会议在南京召开。

6 月 21—30 日，王加启、郑楠、赵圣国、张养东 4 人赴美国开展学术交流，访问了美国哈佛医学院，参加美国奶业科学学会 2017 年会并作了会议报告。

6 月 30 日，团队组织参加由农业农村部举办的“质量兴农，共治共享农产品质量安全”农业农村部主题日活动，并设牛奶质量安全主题展位，有力宣传、科普了牛奶健康知识。

7 月 3—6 日，农业农村部奶及奶制品质量监督检验测试中心（北京）组织开展“糠氨酸和乳果糖检测能力比对验证”工作会。

7 月 8 日，团队组织召开农业行业标准预审会，预审了《生乳中硫氨酸根的测定离子色谱法》《乳品中抗菌药物多残留的测定高效液相色谱 - 串联质谱法》及《全株玉米青贮霉菌毒素控制技术规程》3 项农业行业标准。

7 月 11 日，王加启研究员应邀出席现代牧业中国优质乳成果新闻发布会，并作“现代牧业优质乳工程成果”主旨报告。

8 月 19—20 日，美国哈佛医学院陈新华博士和美国马萨诸塞州总医院朱伟淑博士到团队访问交流，双方在肠道细胞功能评价方面达成合作意向。

8 月 22 日，国家奶业科技创新联盟在福州召开“第一届优质乳工程发展论坛”，王加启研究员作了“什么牛奶好？”专题报告。

8 月 25—27 日，王加启、李松励、刘慧敏、孟璐、邢萌茹等人在国家会议中心参加“2017 国际奶牛乳房炎大会暨美国乳房炎协会（NMC）中国区域会”。

8 月 29 日，新西兰乳制品公司协会（DCANZ）来团队访问交流，协会董事长马尔科姆 · 贝利介绍了 DCANZ 的工作内容，双方在牛奶质量安全方面达成进一步合作意向。

8 月 31 日，农业农村部发布《农业部关于公布首批国家农业检测基准实验室的通知》（农质发〔2017〕11 号）。团队平台“农业农村部奶及奶制品质量监督检验测试中心（北京）”成功入选为首批国家农业检测基准实验室。

10 月 20 日，团队科研平台“农业农村部奶及奶制品质量安全控制重点实验室”开放课题发布征集通知，每个课题资助 5 万元。

10 月 31 日，王加启研究员参加由农业农村部主办的“中国与新西兰农业增长伙伴关系联合咨询第二次会议”。

11 月 12 日，文芳博士赴荷兰参加“农产品质量安全检测体系建设与实验室质量控制培训”。

12 月 10 日，农业农村部奶产品质量安全风险评估实验室（北京）组织召开“国家奶产品质量安全风险评估与营养品质评价重大专项 2017 年度项目评价验收会议”。

12 月 11 日，国家奶业科技创新联盟召开了“国家奶业科技创新联盟 2017 年度工作总结会”。

12 月 28 日，光明乳业顺利通过国家奶业科技创新联盟的“优质乳工程”验收。

参考文献

广西壮族自治区卫生和计划生育委员会．2014．食品安全地方标准生水牛乳：DBS 45/011—2014［S］．

梁宏儒．2013．黑龙江部分奶牛场大肠杆菌耐药性和耐药基因检测分析［J］．大庆：黑龙江八一农垦大学．

南海．2011．上海地区奶牛乳腺炎病原菌的分离鉴定及耐药性分析［D］．上海：上海交通大学．

苏洋，蒲万霞，陈智华，等．2012．牛源金黄色葡萄球菌的耐药性及耐甲氧西林金黄色葡萄球菌的检测［J］．中国农业科学，45（17）：3 602–3 607．

张颖．2014．天津地区奶牛乳腺炎流行病学调查及耐药性分析［D］．北京：中国农业科学院．

中国乳制品工业协会.2012．生牦牛乳.中国乳制品工业行业规范：RHB 801—2012［S］．

中华人民共和国卫生部．2012．食品安全国家标准．乳制品良好生产规范：GB 12693—2010［S］.

中华人民共和国卫生部. 2012 GB 4789. 38—2012　食品安全国家标准　食品微生物学检验大肠埃希氏菌计数［S］. 北京：中国标准出版社.

Ahmed A M，Shimamoto T. 2015. Molecular analysis of multidrug resistance in Shiga toxin-producing Escherichia coli O157：H7 isolated from meat and dairy products［J］. International Journal of Food Microbiology，193：68-73.

Baur C，Krewinkel M，Kranz B. 2015.Quantification of the proteolytic and lipolytic activity of microorganisms isolated from raw milk［J］. International Dairy Journal，49: 23-29.

Baur C，Krewinkel M，Kutzli I，*et al*. 2015. Isolation and characterisation of a heat-resistant peptidase from Pseudomonas panacis withstanding general UHT processes［J］. International Dairy Journal，49: 46-55.

Bok E，Mazurek J，Stosik M，*et al*. 2015. Prevalence of virulence determinants and antimicrobial resistance among commensal Escherichia coli derived from dairy and beef cattle［J］. International Journal of Research and Public Health，12：970-985.

Caldera L，Franzetti L，Coillie E V，*et al*. 2016. Identification，enzymatic spoilage characterization and proteolytic activity quantification of Pseudomonas spp. isolated from different foods［J］. Food

Microbiololy. 54：142–153.

Capodifoglio E，Vidal AMC，Lima JAS，*et al*. 2016. Lipolytic and proteolytic activity of Pseudomonas spp. isolated during milking and storage of refrigerated raw milk［J］. Journal of Dairy Science. 99（7）：5 214–5 223.

Chakravarty S，G Gregory. 2015. The Genus Pseudomonas［M］. // E. Goldman，L. H. Green. Practical Handbook of Microbiology. New York：CRC Press. 321–344.

Cortimiglia C，Bianchini V，Franco A，*et al*. 2014. Prevalence of Staphylococcus aureus and methicillin–resistant *S. aureus* in bulk tank milk from dairy goat farms in Northern Italy. Journal of Dairy Science，98: 2 307–2 311.

De G O，Favarin L，Luchese R H，*et al*. 2015. Psychrotrophic bacteria in milk: How much do we really know?［J］. Brazilian Journal Microbiology，46（2）：313–321.

Decimo M，Brasca M，Ord ó ñez J A，*et al*. 2017. Fatty acids released from cream by psychrotrophs isolated from bovine raw milk［J］. Internatonal Journal of Dairy Technology，70（3）：339–344.

Decimo M，Morandi S，Silvetti T，*et al*. 2014. Characterization of Gram–negative psychrotrophic bacteria isolated from Italian bulk tank milk

［J］. Journal of Food Science，79（10）：2 081–2 090.

Dogan B，Boor K J. 2003. Genetic diversity and spoilage potentials among Pseudomonas spp. isolated from fluid milk products and dairy processing plants［J］. Applied & Environmental Microbiology，69（1）：130–138.

Dufour D，Nicodeme M，Perrin C，*et al*. 2008. Molecular typing of industrial strains of Pseudomonas spp. isolated from milk and genetical and biochemical characterization of an extracellular protease produced by one of them［J］. International Journal of Food Microbiology，125（2）：188–196.

Eva D，Ana J B，Jose A A. 2015. Prevalence and antimicrobial resistance of Listeria monocytogenes and Salmonella strains isolated in ready-to-eat foods in Eastern Spain［J］. Food Control，47：120–125.

Gundogan N，Avci E. 2014. Occurrence and antibiotic resistance of Escherichia coli，Staphylococcus aureus and Bacillus cereusin raw milk and dairy products in Turkey［J］. International Journal of Dairy Technology，67：562–569.

Haran K P，Godden S M，Boxrud D，*et al*. 2012. Prevalence and characterization of Staphylococcus aureus，including methicillin-resistant Staphylococcus aureus，isolated from bulk tank milk from Minnesota dairy farms［J］. Journal of Clinical Microbiology，50（3）：688–695.

Haug A，Hostmark A T，Harstad O M．2017．Bovine milk in human nutrition–a review［J］．Lipids in Health and Disease，25（6）：31–41.

Jamali H，Paydar M，Radmehr B，*et al*．2015．Prevalence and antimicrobial resistance of Staphylococcus aureus isolated from raw milk and dairy products［J］．Food Control，54：383–388.

Jamali H，Paydar M，Radmehr B，*et al*．2015．Prevalence，characterization，and antimicrobial resistance of Yersinia species and Yersinia enterocolitica isolated from raw milk in farm bulk tanks［J］．Journal of Dairy Science，89（2）: 798–803.

Kevenk T O，Gulel G T．2016．Prevalence，antimicrobial resistance and serotype distribution of Listeria monocytigenes isolated from raw milk and dairy products［J］．Journal of Food Safety，36（1）：11–18.

M.Dehghan，A．Mente，S．Rangarajan，*et al*．2018．Association of dairy intake with cardiovascular disease and mortality in 21 countries from five continents （PURE）：a prospective cohort study.

Machado S G，Bagliniere F，Marchand S，*et al*．2017．The Biodiversity of the microbiota producing heat–resistant enzymes responsible for spoilage in processed bovine milk and dairy products［J］．Frontiers in Microbiology，8：302.

Mallet A，Guéguen M，Kauffmann F，*et al*．2012．Desmasures N.

Quantitative and qualitative microbial analysis of raw milk reveals substantial diversity influenced by herd management practices [J]. International Dairy Journal, 27 (1–2): 13–21.

Marchand S, Coudijzer K, Heyndrickx M, *et al*. 2008. Selective determination of the heat–resistant proteolytic activity of bacterial origin in raw milk [J]. International Dairy Journal, 18 (5): 514–519.

Marchand S, Duquenne B, Heyndrickx M, *et al*. 2017. Destabilization and off–flavors generated by Pseudomonas proteases during or after UHT–processing of milk [J]. International Journal of Food Contamination, 4 (1): 2.

Marchand S, Heylen K, Messens W, *et al*. 2009. Seasonal influence on heat–resistant proteolytic capacity of Pseudomonas lundensis and Pseudomonas fragi, predominant milk spoilers isolated from Belgian raw milk samples [J]. Environ Microbiol, 11 (2): 467–482.

Meng L, Liu H, Dong L, *et al*. 2018. Identification and proteolytic activity quantification of Pseudomonas spp. isolated from different raw milks at storage temperatures [J]. Journal of Dairy Science.

Meng L, Zhang Y, Liu H, *et al*. 2017. Characterization of Pseudomonas spp. and Associated Proteolytic Properties in Raw Milk Stored at Low Temperatures [J]. Frontiers in Microbiology, 8: 2 158.

Merzougui S，Lkhider M，Grosset N，*et al*. 2014. Prevalence，PFGE typing，and antibiotic resistance of Bacillus cereus group isolated from food in Morocco［J］. Foodborne Pathogen and Disease. 11（2）：145-1.

Mole B. 2013. MRSA: farming up trouble［J］. Nature，499：398-400.

Momtaz H，Dehkordi F S，Taktaz T，*et al*. 2012. Shiga toxin-producing Escherichia coli isolated from bovine mastitis milks：serogroups，virulence factors，and antibiotic resistance properties［J］. The Scientific World Journal，61：87-89.

Morandi S，Cremonesi P，Capra E，*et al*. 2016. Molecular typing and differences in biofilm formation and antibiotic susceptibilities among Prototheca strains isolated in Italy and Brazil［J］. Journal of Dairy Science，99：1-10.

Osman K M，Samir A，Aboshama U H，*et al*. 2016. Determination of virulence and antibiotic resistance pattern of biofilm producing Listeriaspecies isolated from retail raw milk［J］. BMC Microbiology.16: 263-276.

Ruegg P L，Oliverira L，Jin W，*et al*. 2015. Phenotypic antimicrobial susceptibility and occurrence of selected resistance genes in gram-positive mastitis pathogens isolated from Wisconsin dairy cows［J］. Journal of Dairy Science，98：4 521-4 534.

Scatamburlo T M，Yamazi A K，Cavicchioli V Q，*et al*. 2015. Spoilage potential of Pseudomonas species isolated from goat milk［J］. Journal of Dairy Science，98（2）：759–764.

Shamilasyuhada A K，Rusul G，Wannadiah W A，*et al*. 2016. Prevalence and antibiotics resistance of Staphylococcus aureusisolates isolated from raw milk obtained from small-scale dairy farms in Penang，Malaysia［J］. Pakistan Veterinary Journal，36（1）：98–102.

Sheikh J A，Rashid M，Rehman M U，*et al*. 2013. Occurrence of multidrug resistance shiga-toxin producing Escherichia coli milk and milk products［J］. Veterinary World. 6：916–918.

Solomakos N，Govaris A，Angelidis A S，*et al*. 2009. Occurrence，virulence genes and antibiotics resistance of Escherichia coli O157 isolated from raw bovine，caprine and ovine milk in Greece［J］. Food Microbiology，26：865–871.

Stoeckel M，Lidolt M，Stressler T，*et al*. 2016. Heat stability of indigenous milk plasmin and proteases from Pseudomonas：A challenge in the production of ultra-high temperature milk products［J］. International Dairy Journal，61：250–261.

Tamba Z，Bello M，Raji M A. 2016.Occurrence and antibiogram of Salmonella spp. in raw and fermented milk in Zaria and Environs［J］.

Bangladesh Journal of Veterinary Medicine，14（1）：103–107.

Traversa A，Gariano G R，Gallina S，Bianchi D M，*et al*. 2015. Methicillin resistance in Staphylococcus aureus strains isolated from food and wild animal carcasses in Italy［J］. Food Microbiology，52：154–158.

USA：U.S. 2013. Department of Health and Human Services，Public Health Service，Food and Drug Administration. Grade "A" Pasteurized Milk Ordinance［R］.

Vithanage N R，Yeager T R，Jadhav S R，*et al*. 2014. Comparison of identification systems for psychrotrophic bacteria isolated from raw bovine milk［J］. International Journal of Food Microbiology，189：26–38.

VonNM，Baur C，Krewinkel M，*et al*. 2015. Biodiversity of refrigerated raw milk microbiota and their enzymatic spoilage potential［J］. International Journal of Food Microbiology，211：57–65.

World Health Organization. 2014. Antimicrobial Resistance：Global Report on Surveillance［R］. Geneva：WHO.

Wiedmann M，Weilmeier D，Dineen S S，*et al*. 2000. Molecular and phenotypic characterization of Pseudomonas spp. isolated from milk［J］. Applied & Environmental Microbiology，66（5）：2 085–2 095.

Xing X M，Zhang Y，Wu Q，*et al*. 2016. Prevalence and characterization of Staphylococcus aureus isolated from goat milk powder processing plants [J]. Food Control, 59, 644–650.

Zahran A S, Alsaleh A A. 1997. Isolation and identification of protease-producing psychrotrophic bacteria from raw camel milk [J]. Australian Journal of Dairy Technology, 52 (1): 5–7.

Zhang Q Q, Ying G G, Pan C G, *et al*. 2015. Comprehensive evaluation of antibiotics emission and fate in the river basins of China: Source analysis, multimedia modelling, and linkage to bacterial resistance [J]. Environmental Science & Technology, 49, 6 772–6 782.

致 谢

衷心感谢以下单位、领导、专家对本书的支持:

农业农村部农产品质量安全监管司

农业农村部畜牧业司

农业农村部农垦局

农业农村部奶产品质量安全风险评估实验室

农业农村部奶及奶制品质量监督检验测试中心

农业农村部奶及奶制品质量安全控制重点实验室

国家奶业科技创新联盟

国家奶产品质量安全风险评估重大专项

农产品(生鲜乳、复原乳)质量安全监管专项

公益性行业(农业)科研专项

国家奶牛产业技术体系

中国农业科学院科技创新工程

光明食品(集团)有限公司

新希望雪兰牛奶有限责任公司

福建长富乳品有限公司